高等学校实验课系列教材

模拟集成电路与版图设计实验教程

MONI JICHENG DIANLU YU BANTU SHEJI SHIYAN JIAOCHENG

●主　编　刘海涛
●副主编　唐　枋　曾　浩

EXPERIMENTATION

重庆大学出版社

内容提要

本书是多年来在模拟集成电路原理与设计、定制集成电路设计、集成电路版图基础、集成电路版图设计与实践等课程实验教学和教学改革的基础上编写而成的。本书涵盖了模拟集成电路设计、电路仿真、版图设计与规则检查、寄生参数提取与后仿真等模拟集成电路前端与后端设计全流程,采用业界流行的 EDA(Electronic Design Automation)工具中 Cadence Virtuoso,能同时兼顾课程教学内容和学生实践技能的培养。

本书可作为高等院校集成电路、微电子、电子科学与技术等相关专业的实验实践教材,也可作为从事集成电路与版图设计工程技术人员的参考用书。

图书在版编目(CIP)数据

模拟集成电路与版图设计实验教程 / 刘海涛主编
. -- 重庆 : 重庆大学出版社,2023.8
高等学校实验课系列教材
ISBN 978-7-5689-4142-6

Ⅰ. ①模… Ⅱ. ①刘… Ⅲ. ①模拟集成电路—电路设计—实验—高等学校—教材 Ⅳ. ①TN431.102-33

中国国家版本馆 CIP 数据核字(2023)第 157752 号

模拟集成电路与版图设计实验教程
主 编 刘海涛
副主编 唐枥 曾浩
策划编辑:范 琪
责任编辑:姜 凤 版式设计:范 琪
责任校对:王 倩 责任印制:张 策
*
重庆大学出版社出版发行
出版人:陈晓阳
社址:重庆市沙坪坝区大学城西路 21 号
邮编:401331
电话:(023)88617190 88617185(中小学)
传真:(023)88617186 88617166
网址:http://www.cqup.com.cn
邮箱:fxk@ cqup.com.cn(营销中心)
重庆三达广告印务装璜有限公司印刷
*
开本:787mm×1092mm 1/16 印张:11.5 字数:290 千
2023 年 8 月第 1 版 2023 年 8 月第 1 次印刷
印数:1—1 500
ISBN 978-7-5689-4142-6 定价:39.00 元

前　言

　　集成电路作为信息产业的重要基础之一,在国民经济中有着举足轻重的地位。近年来,国家出台了多项集成电路产业发展和推进纲领性文件,我国集成电路产业得到了长足的进步和发展,社会迫切需要更多的集成电路专业人才,尤其是工程型专业人才十分欠缺。集成电路技术快速发展导致集成电路设计复杂度增加,所依赖的 EDA 工具也日益复杂。针对集成电路设计与集成系统、微电子科学与技术、电子科学与技术等专业应用性强的特点,在掌握理论知识的同时,强化实验、实践环节,促进学生知识和能力协同发展。

　　本书是重庆大学“国家一流专业”和“重庆市优质精品课程”建设系列教材之一,是多年来在模拟集成电路原理与设计、定制集成电路设计、集成电路版图设计与实践等课程实验教学和教学改革的基础上编写而成的。本书以功能强大的模拟集成电路 EDA 软件 Cadence Virtuoso 为基础,包含基础实验、综合性实验、定制集成电路设计实验、综合实践课题等内容,由浅入深、循序渐进地介绍了常见的模拟集成电路设计案例。使学生既能扎实掌握模拟集成电路 EDA 软件的使用,又能提高模拟集成电路与版图设计的能力。

　　本书共 5 章,第 1 章 Linux 操作系统及 Cadence Virtuoso 介绍,阐述了模拟集成电路设计环境、工具和设计方法。第 2 章基础实验,开设了 4 个 4 学时单元的基础实验,以 CMOS 反相器为例详细介绍了 Cadence Virtuoso IC617 软件的使用,同时介绍了有源负载差动对电路与版图的设计。第 3 章综合性实验,包含了 6 个 4 学时单元的综合实验,介绍的电路规模更大、更复杂,需前期学习具有一定基础后才能完成。第 4 章定制集成电路设计实验,重点在于版图设计能力的培养,依次设置 5 个 4 学时的实验项目,最终完成能流片的带隙基准电路版图。第 5 章集成电路版图设计与实践,介绍了 8 位 DAC 的设计详细流程,可作为两周课程设计题目。

本书由刘海涛担任主编、唐枋、曾浩担任副主编,同时得到了甘平、胡小平的帮助。

由于编者水平所限,书中难免存在错误与不妥之处,敬请广大读者批评指正。

编　者

2022 年 12 月

目 录

Linux操作系统及Cadence Virtuoso介绍

本章主要介绍 Linux 基础知识,同时介绍 Cadence Virtuoso IC617 软件系统和模拟集成电路设计的基本流程。

1.1 Linux 基础知识

1.1.1 Linux 的特点

Linux 源于 UNIX,是一种 UNIX 操作系统的克隆,它(内核)是由 Linus Torvalds 带头开发出来的。Linux 的目标是保持与 POSIX 兼容。Linux 具有开放源代码,可自由使用;完善的网络功能,内置 TCP/IP 协议;多任务、多用户操作系统;稳定、高效、安全;支持性广,无版权费用;图形界面相对于 Windows 不是很友好等特点。目前的主流发行版本有 RedHat、Debian、红旗 Linux 等,如图 1.1 所示。

▲图 1.1　各种 Linux 发行版

1.1.2　UNIX 文件系统

UNIX 采用树状目录结构/bin、/etc、/usr、/var、/home,如图 1.2 所示。

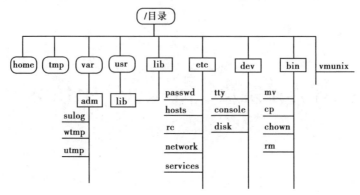

▲图 1.2　UNIX 文件系统

其中,UNIX 各文件名的含义见表 1.1。

表 1.1　UNIX 各文件名的含义

文件名	含　义	文件名	含　义	文件名	含　义
/bin	系统可执行文件	/etc	系统配置文件	/usr	系统应用程序
/var	系统的 LOG 和 mail 等	/proc	系统运行的进程（/proc/interrupts）	/dev	设备文件
/tmp	用户和程序的临时目录	/home	用户主目录区	/opt	第三方软件存放区

1.1.3　Linux 系统启动

用户可通过服务器和虚拟机两种方式启动 Linux 系统。

1）服务器方式

首先启动计算机,在 Windows 桌面双击 Xmanager Enterprise 5,如图 1.3 所示。

▲图 1.3　启动 Xmanager Enterprise 5

打开"Xbrowser",如图 1.4 所示。

▲图 1.4　打开"Xbrowser"

单击"cquanalog"连接,选择服务器,如图 1.5 所示。

▲图 1.5　打开"cquanalog"

先选择服务器,再选择终端,如"ic-18",输入用户密码,如图 1.6 所示,进入系统。

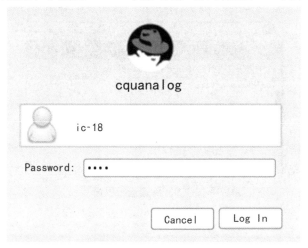

▲图 1.6　输入用户密码

启动成功的 Linux 桌面,如图 1.7 所示。

在桌面空白处单击鼠标右键,选择"Open in Terminal"打开终端,如图 1.8 所示。

终端运行界面,如图 1.9 所示。

▲图 1.7　服务器方式启动 Linux

▲图 1.8　选择"Open in Terminal"打开终端

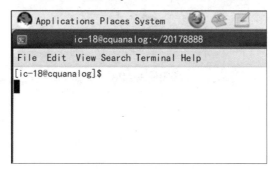

▲图 1.9　终端运行界面

2）虚拟机方式

打开虚拟机软件 VMware Workstation,如图 1.10 所示。

单击"文件"→"打开",选择 Cadence Virtuoso 虚拟机文件"RHEL6_IC617. vmx",单击"开启此虚拟机"启动 Linux 系统,如图 1.11 所示。

输入密码,启动成功后的 Linux 界面,如图 1.12 所示。

▲图 1.10   启动"VMware Workstation"

▲图 1.11   打开虚拟机

▲图 1.12   启动成功后的 Linux 界面

1.1.4   Linux 命令行

1)命令行格式

Linux 命令行通常由几个字符串组成,中间用空格键分开。

语法:command optionsarguments(或 parameters)

例如,cp-r/home/ols3/cds. lib/tmp。

在 Linux 终端,可以运行各种命令,如图 1.13 所示。

2)常用命令合集

①man:一种帮助文档,通过 man 可以查看指定命令的语法与常见用法等说明,一般不带参数选项,如图 1.14 所示。

语法:man[参数选项]命令关键字

例如,man cp(查看 cp 的用法)。

②ls:用来查看指定目录与文件的内容和属性,如图 1.15 所示。

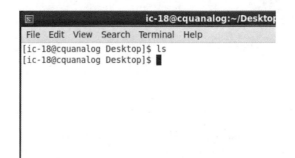

▲图 1.13　Linux 终端命令行格式

```
CP(1)                          User Commands                          CP(1)

NAME
        cp - copy files and directories

SYNOPSIS
        cp [OPTION]... [-T] SOURCE DEST
        cp [OPTION]... SOURCE... DIRECTORY
        cp [OPTION]... -t DIRECTORY SOURCE...

DESCRIPTION
        Copy SOURCE to DEST, or multiple SOURCE(s) to DIRECTORY.

        Mandatory  arguments to long options are mandatory for short options too.

        -a, --archive
                same as -dR --preserve=all

        --backup[=CONTROL]
                make a backup of each existing destination file

        -b      like --backup but does not accept an argument

        --copy-contents
                copy contents of special files when recursive

        -d      same as --no-dereference --preserve=link
```

▲图 1.14　man 命令运行结果

```
-rw-r--r--  1 yuany manager     6918 Jan 23 12:07 vnc_admin_log.log
drwxr-xr-x 54 yuany manager     4096 Jan 23 16:48 xfab_ic_xh035
drwxr-xr-x  5 yuany manager     4096 Jan 23 17:10 hhnec_proj
-rw-r--r--  1 yuany manager     2416 Jan 26 11:52 cds.lib
-rwxr-xr-x  1 yuany manager    16522 Jan 26 15:43 cshrc_ic5141
drwxr-xr-x  3 yuany manager     4096 Jan 27 11:09 xyj_test
drwxr-xr-x  3 yuany manager     4096 Jan 27 11:10 tcl_test
-rw-r--r--  1 yuany manager        0 Jan 27 12:04 panic.log
-rw-r--r--  1 yuany manager    16659 Jan 27 16:59 tt.tt
drwxr-xr-x  4 yuany manager     4096 Jan 28 09:23 win_proj
-rw-r--r--  1 yuany manager       62 Jan 28 17:52 DRE_CDS.log
drwxr-xr-x  8 yuany manager     4096 Jan 29 09:34 plessey_proj
drwxr-xr-x  3 yuany manager     4096 Jan 29 09:45 sisc_calibre_test
-rw-r--r--  1 yuany manager    52302 Jan 29 09:45 CDS.log.2
drwxr-xr-x 19 yuany manager     4096 Jan 29 09:45 csec_proj
drwxr-xr-x  4 yuany manager     4096 Jan 29 15:11 csmc_proj
drwxr-xr-x  7 yuany manager     4096 Jan 29 16:13 xfab_xb06ml
drwxr-xr-x  6 yuany users       4096 Jan 30 11:42 xfab_xc06
-rw-r--r--  1 yuany manager     9787 Jan 30 11:42 CDS.log.1
drwxr-xr-x  6 yuany manager     4096 Jan 30 11:51 xfab_xt06
drwx------  2 yuany manager     4096 Feb  3 14:08 server_shutdown_and_up
drwxr-xr-x  2 yuany manager     4096 Feb  3 14:22 bin
drwx------  3 yuany manager     4096 Feb  4 17:40 shell_study
-rw-r--r--  1 yuany manager     8549 Feb  5 08:52 backup_perday_log.log
-rw-r--r--  1 yuany manager        0 Feb  5 11:16 ade_wavescan.log
-rw-r--r--  1 yuany manager      702 Feb  5 11:18 libManager.log
-rw-r--r--  1 yuany manager     4395 Feb  5 11:18 CDS.log
drwxr-xr-x  3 yuany users       4096 Feb  5 14:28 Desktop
[yuany@BL685B1 ~]$
```

▲图 1.15　ls 命令运行结果

语法:ls[参数选项]目录与文件名

常用参数选项:

-a　显示所有文件与目录,包括隐藏的;

–r　逆序显示指定文件与目录；

–l　以列表显示；

–t　按时间排列。

例如，ls-rtl/home/yuany。

③pwd：用来显示当前工作目录的命令，为"print working directory"的缩写。

　　语法：pwd

④cd：用来切换工作目录的命令，为"change directory"的缩写，如图 1.16 所示。

```
                      yuany@BL685B1:~/shell_test/test_dir/test
 File  Edit  View  Terminal  Tabs  Help
[yuany@BL685B1 test3]$ ls
test4
[yuany@BL685B1 test3]$ pwd
/home/yuany/shell_test/test_dir/test1/test2/test3
[yuany@BL685B1 test3]$ cd ..
[yuany@BL685B1 test2]$ pwd
/home/yuany/shell_test/test_dir/test1/test2
[yuany@BL685B1 test2]$ cd ~
[yuany@BL685B1 ~]$ pwd
/home/yuany
[yuany@BL685B1 ~]$ cd /etc/vsftpd
[yuany@BL685B1 vsftpd]$ pwd
/etc/vsftpd
[yuany@BL685B1 vsftpd]$ cd /home/yuany/shell_test/test_dir/test1/test2
[yuany@BL685B1 test2]$ pwd
/home/yuany/shell_test/test_dir/test1/test2
[yuany@BL685B1 test2]$ cd ../../../test
[yuany@BL685B1 test]$ pwd
/home/yuany/shell_test/test_dir/test
[yuany@BL685B1 test]$
```

▲图 1.16　cd 命令运行结果

　　语法：cd 目录名

　　cd..　　回到上一级目录；

　　cd ~　　回到当前用户的 home 目录；

　　cd/etc/vsftpd　切换到/etc/vsftpd 目录；

　　cd../../../test　切换到上一级的上一级的当前目录的 test 目录。

⑤clear：用来清除屏幕显示的命令，清除后屏幕只有一行提示符。

　　语法：clear

⑥mkdir：用来创建指定目录的命令，如图 1.17 所示。

```
                      yuany@BL685B1:~/shell_test/test_dir/test
 File  Edit  View  Terminal  Tabs  Help
[yuany@BL685B1 test]$ ls
test.log
[yuany@BL685B1 test]$ mkdir test1
[yuany@BL685B1 test]$ ls
test1  test.log
[yuany@BL685B1 test]$ mkdir test2/test3/test4
mkdir: cannot create directory `test2/test3/test4': No such file or directory
[yuany@BL685B1 test]$ ls
test1  test.log
[yuany@BL685B1 test]$ mkdir test1/test2
[yuany@BL685B1 test]$ ls ./test1/
test2
[yuany@BL685B1 test]$ ls
test1  test.log
[yuany@BL685B1 test]$ mkdir -p test2/test3/test4
[yuany@BL685B1 test]$ ls
test1  test2  test.log
[yuany@BL685B1 test]$ ls ./test2/
test3
[yuany@BL685B1 test]$ ls ./test2/test3/
test4
[yuany@BL685B1 test]$ pwd
/home/yuany/shell_test/test_dir/test
[yuany@BL685B1 test]$
```

▲图 1.17　mkdir 命令运行结果

　　语法：mkdir ［选项］目录名

常用参数选项：

-p 　如果不存在错误,将需要创建的父级目录一起创建。

例如,mkdir-p test2/test3/test4。

⑦cp:用来复制指定目录与文件到指定的目录和文件中,如图 1.18 所示。

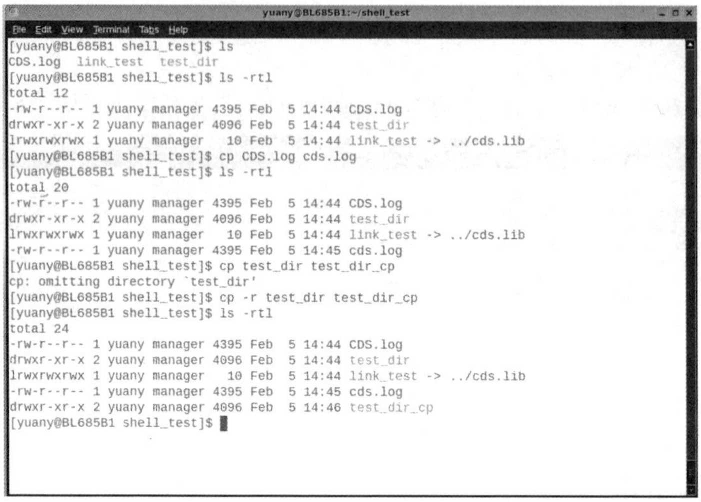

▲图 1.18 　cp 命令运行结果

语法:cp[参数选项]待复制的目录与文件 目的目录与文件

常用参数选项：

-a 　复制所有属性,包括时间权限等;

-r 　递归复制,用于文件夹,可复制一个文件夹;

-f 　强制选项,会覆盖已经存在的文件。

例如,cp-r test_dir test_dir_cp。

⑧rm:删除指定目录或文件,如图 1.19 所示。

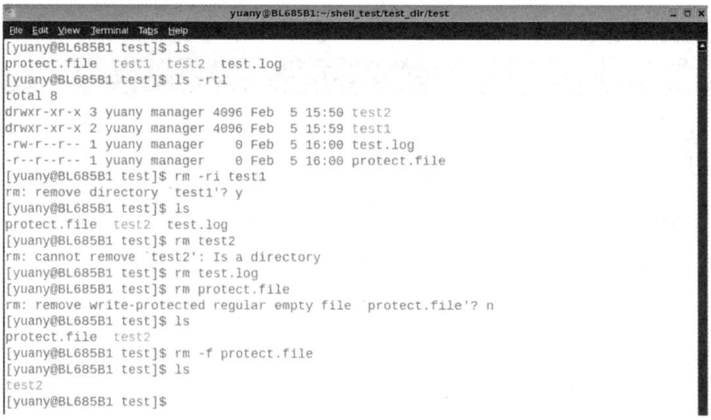

▲图 1.19 　rm 命令运行结果

语法:rm[参数选项]待删除目录或文件名

常用参数选项：

-i 　删除时,会询问是否删除;

-r　递归删除,用于文件夹,用来删除一个文件夹;

-f　强制删除,不会询问。

例如,rm-f protect. file(备注:rm 命令具有破坏性,使用时应谨慎)。

⑨mv:可移动文件或文件夹,也可重命名文件或文件夹,如图 1.20 所示。

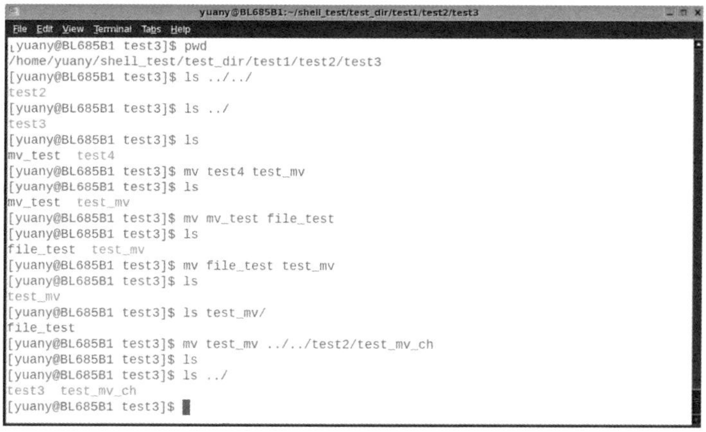

▲图 1.20　mv 命令运行结果

语法:mv[参数选项]待移动或重命名的文件或文件夹 目的文件或文件夹

例如,mv test_mv../../test2/test_mv_ch。

⑩ln:链接命令,相当于 Windows 的快捷方式,如图 1.21 所示。

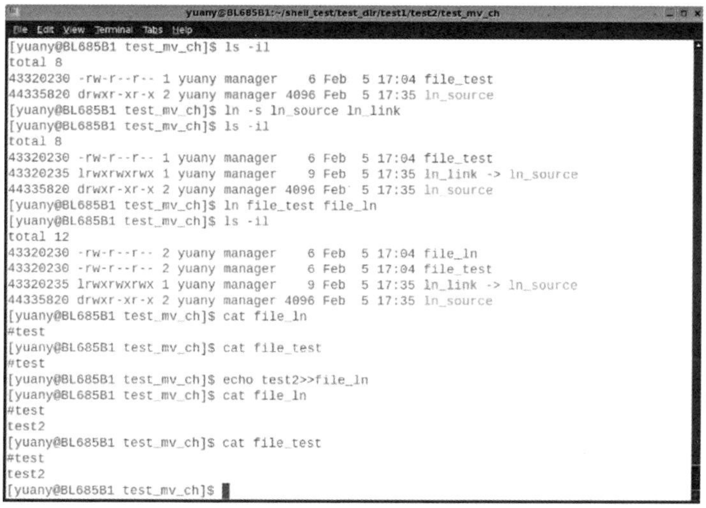

▲图 1.21　ln 命令运行结果

语法:ln[参数选项]待链接文件或目录

常用参数选项:

-s　软链接,类似 Windows 的快捷方式。

例如,ln-s ln_source ln_link。

⑪tar:打包命令,如图 1.22 所示。

语法:tar[参数选项]打包包名 待打包目录或文件集合

```
[yuany@BL685B1 test_mv_ch]$ ls
file_ln  file_test  ln_link  ln_source
[yuany@BL685B1 test_mv_ch]$ tar cvf test.tar file* ln*
file_ln
file_test
ln_link
ln_source/
[yuany@BL685B1 test_mv_ch]$ ls
file_ln  file_test  ln_link  ln_source  test.tar
[yuany@BL685B1 test_mv_ch]$ tar zcvf test_all.tar.gz *
file_ln
file_test
ln_link
ln_source/
test.tar
[yuany@BL685B1 test_mv_ch]$ ls
file_ln  file_test  ln_link  ln_source  test_all.tar.gz  test.tar
[yuany@BL685B1 test_mv_ch]$ mv test_all.tar.gz ln_source
[yuany@BL685B1 test_mv_ch]$ cd ln_source/
[yuany@BL685B1 ln_source]$ ls
test_all.tar.gz
[yuany@BL685B1 ln_source]$ tar zxvf test_all.tar.gz
file_ln
file_test
ln_link
ln_source/
test.tar
[yuany@BL685B1 ln_source]$ ls
file_ln  file_test  ln_link  ln_source  test_all.tar.gz  test.tar
[yuany@BL685B1 ln_source]$
```

▲图 1.22　tar 命令运行结果

常用参数选项：

-cvf　创建包，不压缩，并显示打包过程；

-xvf　解开包，并显示解开过程；

-zcvf　创建包并压缩，并显示打包过程；

-zxvf　解开包并解压缩，并显示打包过程；

-v　显示执行过程。

例如，tar zcvftest. tar. gz * 。

⑫gzip：压缩解压缩命令，tar 可通过-z 选项调用，如图 1.23 所示。

```
[yuany@BL685B1 test1]$ ls
doc1  file1  file2  file3  gzip_test
[yuany@BL685B1 test1]$ gzip file*
[yuany@BL685B1 test1]$ ls
doc1  file1.gz  file2.gz  file3.gz  gzip_test
[yuany@BL685B1 test1]$ gzip -d file*
[yuany@BL685B1 test1]$ ls
doc1  file1  file2  file3  gzip_test
[yuany@BL685B1 test1]$ gzip -c doc1>file.gz
[yuany@BL685B1 test1]$ ls
doc1  file1  file2  file3  file.gz  gzip_test
[yuany@BL685B1 test1]$ mv file.gz gzip_test/
[yuany@BL685B1 test1]$ cd gzip_test/
[yuany@BL685B1 gzip_test]$ ls
file.gz
[yuany@BL685B1 gzip_test]$ gzip -d file.gz
[yuany@BL685B1 gzip_test]$ ls
file
[yuany@BL685B1 gzip_test]$ vi file
[yuany@BL685B1 gzip_test]$ gzip -c file >doc.gz
[yuany@BL685B1 gzip_test]$ ls
doc.gz  file
[yuany@BL685B1 gzip_test]$ rm file
[yuany@BL685B1 gzip_test]$ gzip -cd doc.gz >file
[yuany@BL685B1 gzip_test]$ ls
doc.gz  file
[yuany@BL685B1 gzip_test]$ vi file
[yuany@BL685B1 gzip_test]$ gzip -cd doc.gz >doc
[yuany@BL685B1 gzip_test]$ ls
doc  doc.gz  file
[yuany@BL685B1 gzip_test]$
```

▲图 1.23　gzip 命令运行结果

语法：gzip［参数选项］压缩文件名或待解压缩包名

常用参数选项：

-d　解压包，默认解压后会删除原始压缩包；

-c　改变标准输入或输出。

例如,gzip-c file1 file2 > file. gz。

⑬whoami:查看当前账户是谁,如图 1.24 所示。

语法:whoami

```
                    yuany@BL685B1:~/shell_test/test_dir/test1/gzip_test
File  Edit  View  Terminal  Tabs  Help
[yuany@BL685B1 gzip_test]$ pwd
/home/yuany/shell_test/test_dir/test1/gzip_test
[yuany@BL685B1 gzip_test]$ whoami
yuany
[yuany@BL685B1 gzip_test]$ su - manager2
Password:
[manager2@BL685B1 ~]$ whoami
manager2
[manager2@BL685B1 ~]$ passwd
Changing password for user manager2.
Changing password for manager2
(current) UNIX password:
New UNIX password:
Retype new UNIX password:
passwd: all authentication tokens updated successfully.
[manager2@BL685B1 ~]$ exit
logout
[yuany@BL685B1 gzip_test]$ whoami
yuany
[yuany@BL685B1 gzip_test]$ su - manager2
Password:
[manager2@BL685B1 ~]$ pwd
/opt/manager2
[manager2@BL685B1 ~]$
```

▲图 1.24　whoami,password 和 su 命令运行结果

⑭passwd:更改账户密码,若没有参数,则更改当前账户密码。

语法:passwd[账户名]

⑮su:用来切换身份。

语法:su[选项]用户名(su-manager 与 su-l manager 一样)

⑯which:查看命令存放的路径,如图 1.25 所示。

语法:which[命令名]

```
                         yuany@BL685B1:~/shell_test/test_dir
File  Edit  View  Terminal  Tabs  Help
[yuany@BL685B1 gzip_test]$ pwd
/home/yuany/shell_test/test_dir/test1/gzip_test
[yuany@BL685B1 gzip_test]$ ls
doc  ***.gz  file
[yuany@BL685B1 gzip_test]$ cd ../
[yuany@BL685B1 test1]$ ls
doc1  file1  file2  file3  gzip_test
[yuany@BL685B1 test1]$ cd ../
[yuany@BL685B1 test_dir]$ ls
test  test1
[yuany@BL685B1 test_dir]$ find . -name "*file*"
./test1/gzip_test/file
./test1/file1
./test1/file2
./test1/file3
[yuany@BL685B1 test_dir]$ which find
/usr/bin/find
[yuany@BL685B1 test_dir]$ echo $PATH
/usr/lib64/qt-3.3/bin:/usr/kerberos/bin:/bin:/usr/bin
[yuany@BL685B1 test_dir]$
```

▲图 1.25　which 和 find 命令运行结果

⑰find：在指定路径查找指定的文件或文件夹。

　　语法：find[搜索路径][参数选项][匹配表达式]

　　例如，find. -name"＊test＊"。

⑱chown，chgrp，chmod：此组命令用来改变文件或文件夹权限。其中，chown 改变文件所有者，也可改变文件所有组；chgrp 改变文件所有组；chmod 改变文件权限属性，如图 1.26所示。

```
-rw-r--r-- 1 yuany manager   38 Feb  6 09:29 doc.gz
-rw-r--r-- 1 yuany manager   15 Feb  6 09:32 file
lrwxrwxrwx 1 yuany manager    4 Feb  6 10:24 doc -> file
drwxr-xr-x 2 yuany manager 4096 Feb  6 10:25 test
[yuany@BL685B1 gzip_test]$ chmod 755 file
[yuany@BL685B1 gzip_test]$ ls -rtl
total 12
-rw-r--r-- 1 yuany manager   38 Feb  6 09:29 doc.gz
-rwxr-xr-x 1 yuany manager   15 Feb  6 09:32 file
lrwxrwxrwx 1 yuany manager    4 Feb  6 10:24 doc -> file
drwxr-xr-x 2 yuany manager 4096 Feb  6 10:25 test
[yuany@BL685B1 gzip_test]$ chown yuany:users test
[yuany@BL685B1 gzip_test]$ ls -rtl
total 12
-rw-r--r-- 1 yuany manager   38 Feb  6 09:29 doc.gz
-rwxr-xr-x 1 yuany manager   15 Feb  6 09:32 file
lrwxrwxrwx 1 yuany manager    4 Feb  6 10:24 doc -> file
drwxr-xr-x 2 yuany users   4096 Feb  6 10:25 test
[yuany@BL685B1 gzip_test]$ chgrp users doc.gz
[yuany@BL685B1 gzip_test]$ ls -rtl
total 12
-rw-r--r-- 1 yuany users     38 Feb  6 09:29 doc.gz
-rwxr-xr-x 1 yuany manager   15 Feb  6 09:32 file
lrwxrwxrwx 1 yuany manager    4 Feb  6 10:24 doc -> file
drwxr-xr-x 2 yuany users   4096 Feb  6 10:25 test
[yuany@BL685B1 gzip_test]$ chmod u+x doc.gz
[yuany@BL685B1 gzip_test]$ ls -rtl
total 12
-rwxr--r-- 1 yuany users     38 Feb  6 09:29 doc.gz
-rwxr-xr-x 1 yuany manager   15 Feb  6 09:32 file
lrwxrwxrwx 1 yuany manager    4 Feb  6 10:24 doc -> file
drwxr-xr-x 2 yuany users   4096 Feb  6 10:25 test
```

▲图 1.26　chown，chgrp 和 chmod 命令运行结果

文件或文件夹属性：

drwxrwxrwx（d 表示文件夹）

lrwxrwxrwx（l 表示链接文件）

-rwxrwxrwx 等（-表示普通文件）

权限：文件属性，所有者权限，所属组权限，其他组权限（r：只读，w：读写，x：执行）。

⑲关于路径的说明。

　　绝对路径：

　　优点：完整、唯一、准确。

　　缺点：冗长。

　　例如，cd/home/yuany/test/test1。

　　相对路径：

　　优点：灵活、方便、快捷。

　　缺点：路径会受当前目录的影响。

常用符号:" ~ "".."".."。

例如,cd ~ /test/test1../../test/test1。

1.1.5　Linux 编辑器

1) vi 编辑器

用法:vi file,如图 1.27 所示。

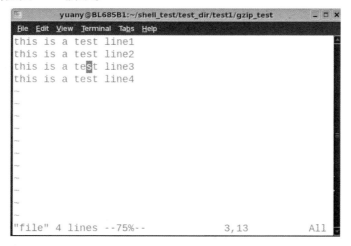

▲图 1.27　vi 编辑器

2) gedit 编辑器

用法:gedit file,如图 1.28 所示。

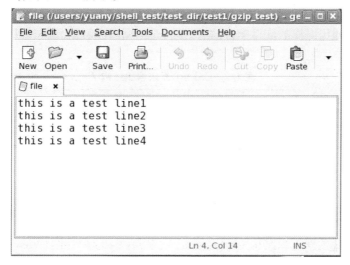

▲图 1.28　geidt 编辑器

1.2   Cadence Virtuoso IC617 软件介绍

Cadence 作为全球最大的 EDA 公司,提供系统级至版图级的全线解决方案,系统庞杂、工具众多、不易入手,除综合外,在系统设计、前端设计输入和仿真、自动布局布线、版图设计和验证等领域居行业领先地位。Cadence 具有系统级设计,功能性验证,模拟,高频,混合设计,物理层的验证与分析,IC 打包设计,PCB,Layout 版图设计,具有广泛的应用支持,是电子设计工程师必须掌握的工具之一。

Cadence 开发了自己的编程语言 skill 以及相应的编译器,整个 Cadence 可以理解为一个搭建在 skill 语言平台上的可执行文件集。初学者对此可以不用理会,当用户深入后,可用 skill 语言对 Cadence 进行扩展。

获取软件的途径:

①Cadence IC 设计平台目前只能运行在 Linux(UNIX)系统下,本书内容以 Cadence Virtuoso IC617 软件为例(其余版本操作大同小异,不必纠结软件版本问题)。

②也可选择包含 Cadence Virtuoso 软件的虚拟机,直接在 Windows 系统下运行 VMware Workstation,打开 Cadence Virtuoso,即可进入 Cadence Virtuoso 设计系统。

1.2.1   IC 设计基本流程

Cadence Virtuoso 可以完成模拟集成电路的设计流程,一个简单的模拟集成电路设计流程以及对应的 Cadence 工具,如图 1.29 所示。IC 设计基本流程包括电路原理图编辑、电路仿真、版图设计、版图设计规则验证、版图原理图一致性检查、寄生参数提取以及后仿真等。

1.2.2   Cadence 系统组织结构

Cadence 工具使用同样的库模型,库结构按目录结构组织数据,利于不同工具之间的数据交互和一致操作,见表1.2。

表 1.2   Cadence 系统组织结构

物理组织	逻辑组织
目录	库
子目录	单元
子目录	视图

设计库、单元名、视图和实际存放的数据之间的关系,如图 1.30 所示。

Cadence 的设计数据组织结构由库(Library)、单元(Cell)和视图(View)组成。库是特定工艺相关的单元集合,单元是构成系统或芯片模块的设计对象,视图是单元的一种预定义类型的表示,如图 1.31 所示。

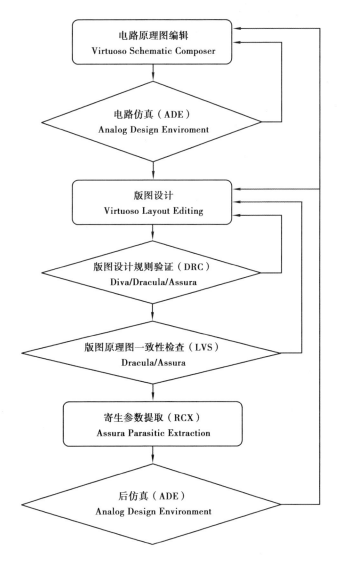

▲图 1.29 Cadence 模拟 IC 设计基本流程

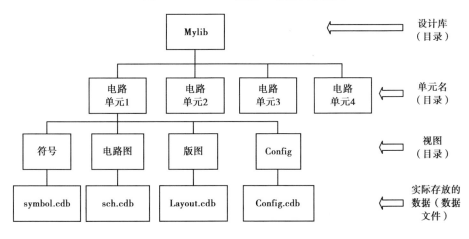

▲图 1.30 Cadence 系统组织结构

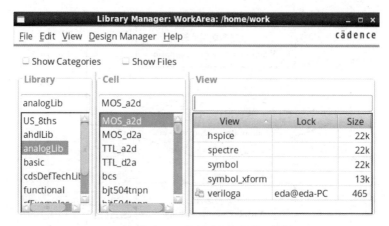

▲图 1.31　Cadence IC 设计界面

1.2.3　启动前的准备工作

1）建立个人工作目录

登录服务器后，默认是在当前登录的用户目录下"user' Home"，由于实验室的机器是多人使用，为了不引起混乱，需要建立自己的工作目录。打开桌面上的"user' Home"，在该目录处单击鼠标右键选择"Create Folder"，学生可以用自己的学号（例如，20221234）或姓名拼音等作为目录名称，这样就可以成功创建个人工作目录，如图 1.32 所示。

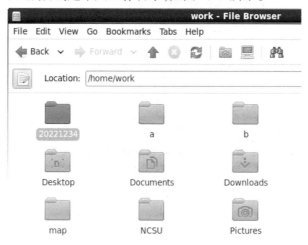

▲图 1.32　创建个人工作目录

2）启动 Cadence 之前的配置

（1）.cshrc 文件或者.bashrc 文件

指定 Cadence 软件的安装路径及 licence 文件所在的路径；同时，该文件也是 UNIX 系统中用户环境重要的配置文件（cshell 环境）。

（2）.cdsenv 文件

.cdsenv 文件包含了 Cadence 软件的初始环境设置。

（3）.cdsinit 文件

.cdsinit 文件是一个 skill 脚本文件，其中，该内容需要符合 skill 语言语法，在.cdsinit 文件内可以写入软件启动时的附加指令。Cadence 启动时调用的配置及加载程序（用户可根据情况自行配置）。

（4）cds.lib 文件

保存有设计库文件所在的路径，用以识别该用户所加载和调用的设计库。

（5）技术文件

技术文件包含了设计所需的很多信息，对设计，尤其是版图设计很重要。它包含了层的定义，符号化器件定义，几何、物理、电学设计规则，以及一些针对特定 Cadence 工具的规则定义，如自动布局布线的规则，版图转换成 GDSII 时所使用的层号定义。

（6）display.drf 显示文件

display.drf 显示文件，如图 1.33 所示。（默认调用 display.drf 文件）

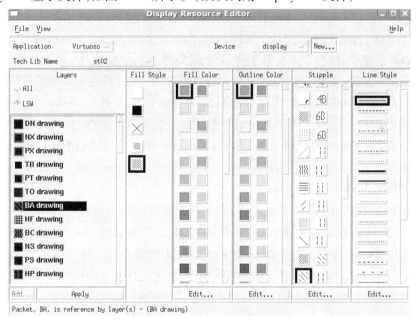

▲图 1.33　display.drf 显示文件

3）拷贝相关的技术文件

在设计电路的过程中，需要各种技术文件，这些技术文件一般由 Foundry 提供。在本书中，需要将以下文件拷贝到自己的工作目录下。

①TF 文件：TF（Technology File）文件一般由 Foundry 提供，包括版图设计中的图层信息、符号化器件的定义以及一些针对 Cadence 工具的规则定义，还有版图转换成 GDSII 时用到的层号定义。

②display.drf 文件：控制 Cadence 的版图显示。

③cds. lib 文件：该文件是设计库管理文件，包含一些基础设计库定义和用户自定义工程库。可以在工作目录新建文本文件并输入：SOFTINCLUDE <Cadence install_dir>/share/cdsset-up/cds. lib，文件名保存为：cds. lib。

④. cdsinit 文件：包含 Cadence 的一些初始化设置信息，以及软件的快捷键设置，部分功能和. cdsenv 文件重叠。可从以下路径：<Cadenceinstall_dir>/tools/dfII/samples/local/cdsinit 复制到自己的工作目录中，并保存为. cdsinit 文件。接下来，有一步很关键的操作：打开新文件，定位到文件中：LOAD USER CUSTOMIZATION 之后的内容（行首没有分号的 if... else... 语句）在每一行行首添加一个";"，代表注释掉这部分内容，具体原因可以阅读 if... else... 上面的说明，实际上是为了防止软件对这个文件发生递归调用，导致系统死掉，这一点一定要留意，很多人因为这个原因导致软件启动不正常，查找原因会浪费不少时间。

⑤. cdsenv 文件：包含 Cadence 各种工具的初始化设置，部分功能和. cdsinit 文件重叠。可以从以下路径：<Cadence install_dir>/tools/dfII/samples/. cdsenv，复制到自己的工作目录中，并保存为. cdsenv 文件。

注意事项如下：

①其中，<Cadence install_dir>指的是：Cadence 软件的绝对安装路径。可以按照上面的说明准备好以上文件，暂时不必深究各个文件的具体内容，用时自然会加以说明。

②在 Linux 系统中，以"."开头的文件是隐藏文件。正常情况下，在工作目录下看不到. cdsinit 和. cdsenv 文件，需要显示隐藏文件才可以看到，在设置相关文件时需要留意。

Cadence 软件在启动时，首先会在启动目录中搜索以上文件（. cdsenv 文件根据设置而定），如果启动目录没有这些文件又会在用户主目录中搜索以上文件，然后会在软件安装目录下搜索以上文件，为了更好地使用软件，最好在 Cadence 第一次启动前准备好以上文件。

4)版图验证工具

版图验证包括 DRC，LVS，PEX 等流程，它是版图设计中的重要流程，需要软件支持，同时也需要代工厂提供的规则文件配合。实现版图验证功能的软件有很多，一个是常用的 Cadence 公司的 Assura 套件，集成在 Cadence 版图设计软件中，调用简单方便；另一个是 Mentor 旗下的 Calibre 套件。一般 PDK 内提供的规则文件也会同时支持两家工具，因为 Calibre 工具大部分被公司认可，所以后面的内容会以 Calibre 为例进行讲解。

为了方便起见，可在 Cadence 界面集成 Calibre 接口，实现这个功能的脚本在 Calibre 安装目录内提供。为了在 Cadence 启动时就加载 Calibre 工具，需要修改启动目录下的. cdsinit 文件，在介绍 Cadence 环境时提到过，打开. cdsinit 文件，在文件末尾添加一句：

load("<Calibreinstall_dir>/lib/calibre. OA. skl")

对版本比较低的 Cadence 环境，应使用以下语句：

load("<Calibreinstall_dir>/lib/calibre. 4. 3. skl")

其中，<Calibreinstall_dir>表示 Calibre 安装目录。重新启动 Cadence 软件，打开版图编辑器，如图 1.34 所示，可以看到软件工具栏会多出 Calibre 接口，通过这个接口可以直接启动 Calibre。用户也可在 Linux 终端输入：calibre-gui，启动 Calibre 图形界面。

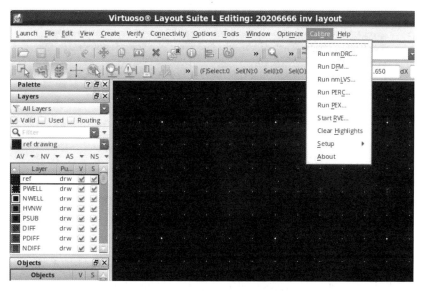

▲图 1.34　Calibre 版图验证工具

　　配置好软件后,再去 PDK 内找到需要的规则文件,无论是 DRC,LVS 还是 PEX 都需要代工厂提供一套规则文件,本书需要使用的规则文件在 PDK 安装文件夹内:<PDKinstall_dir>/ Calibre 路径下,如图 1.35 所示,其中包含需要的所有规则文件。

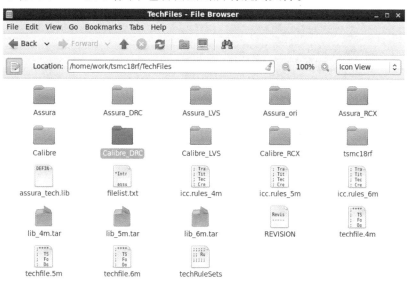

▲图 1.35　PDK 资源路径

1.2.4　Cadence 启动

　　经过 1.1.3 节介绍的两种方式成功启动 Linux 系统后,在 Linux 环境下启动 Cadence Virtuoso。无论哪种方式,启动 Linux 成功后接下来的操作都是相同的。

　　为了更好地管理设计文件,需要创建自己的工作目录。例如,在根目录下创建自己的目录,以学号命名,如 20160001。在个人目录中单击鼠标右键,选择“open in terminal”打开 Linux

终端,输入命令,启动 Virtuoso,如图 1.36 所示。

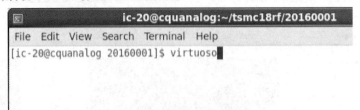

▲图 1.36　启动 Virtuoso

打开 Cadence 的主控窗口 CIW 界面(Command Interpreter Window,命令交互窗口),如图 1.37 所示。Cadence 的大部分工具都可以从这里打开。至此,Virtuoso 启动成功。

图 1.37 中最上方是标题栏,第二行是菜单栏,中间部分是输出区域,许多命令的结果都在这里显示(包括出错信息)。第四行是命令输入行。用户可以在命令输入栏中使用 skill 语言操作软件,理论上,任何 Cadence 命令都可以通过 skill 语言实现,只是不便于操作,由于命令较多,故采用图形界面进行介绍,便于初学者学习。另外,还有一个"What' new"窗口,主要介绍 Cadence 新版本特性,可将其直接关闭。

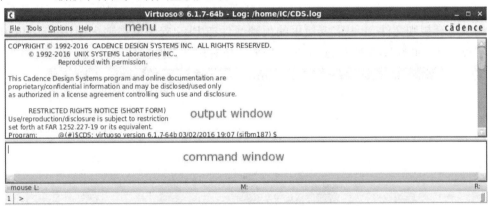

▲图 1.37　Cadence 主控窗口

我们需要关注的是 CIW 界面中的 Tools 菜单栏,这里详细介绍几种 Tools 菜单栏中的工具,如图 1.38 所示的框中部分。

Library Manager:是设计过程中频繁使用的库管理界面,可以在界面中方便地看到库名称,操作库内容,如图 1.39 所示。

Library Path Editor:是 cds. lib 文件的内容,有的用户不习惯操作文件,可以直接在该界面内设置库的路径。

Technology File Manager:用来实现把用户的不同设计对应到不同的工艺设计库。

Library 一栏是库名称,也可以认为是一个工程名称,以上库都是 Cadence 自带的基础设计库。Cell 一栏可以理解为对某个工程内的多个子项目,例如,某个库中可能包含了反相器、与非门、或非门等设计。View 一栏是对应某个子项目的具体设计,例如,反相器的设计又包含原理图、版图等。

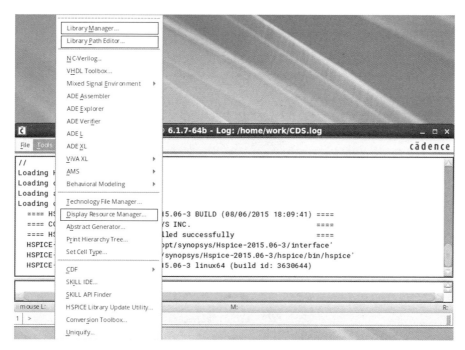

▲图 1.38   CIW 界面中的 Tools 菜单栏

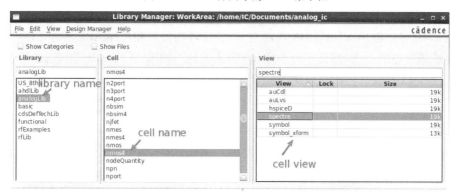

▲图 1.39   Library Manager 窗口

1.2.5   工艺设计包简介

1）工艺设计包的概念

    工艺设计包（Process Design Kit，PDK）是芯片设计流程中与 EDA 工具一起使用的特定于代工厂的数据文件和脚本文件的集合。PDK 的主要组件是模型、符号、工艺文件、参数化单元（PCell）和规则文件。使用 PDK，设计人员可以快速启动芯片设计，并从原理图输入到版图输出，无缝地完成设计流程，如图 1.40 所示。

    应用程序编程接口（Application Programming Interface，API）被定义为应用程序，可用以与计算机操作系统交换信息和命令的标准集。标准的应用程序界面为用户或软件开发商提供一个通用编程环境，以编写可交互运行于不同厂商计算机的应用程序，如图 1.41 所示。

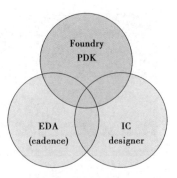

▲图 1.40　PDK,EDA 软件与 IC 设计者的关系

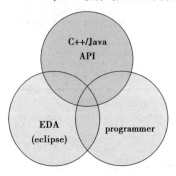

▲图 1.41　API,EDA 软件与程序员的关系

　　由图 1.40 可以看出,PDK,EDA 软件与 IC 设计者的关系和程序 API、程序 EDA 软件与程序员的关系是类似的,它们都是不可分离、合作共进的。PDK 是 Foundry 工艺商、电路设计公司与电路设计 EDA 软件公司有效沟通的重要桥梁,如图 1.42 所示。

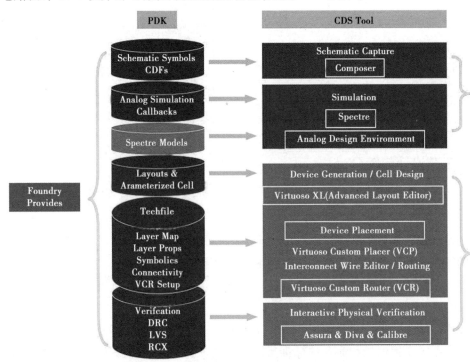

▲图 1.42　PDK 系统架构

现代 IC 一般都是 Foundry 与设计分开工作,使其更具专业性、效率更高、成本更低。但实际上它们是 IC 产业链上的两个不可分离的关节,相互依赖、缺一不可、共同进退。表 1.3 列举了目前常用的 PDK 资源。

表 1.3　常用的 PDK 资源

序　号	Foundry	工艺名称
1	XFAB	XC06　　(0.6 μm CMOS) HV MV UHV XB06　　(0.6 μm BiCMOS) XT06　　(0.6 μm　SOI　CMOS)抗辐照
2	chart	Chart35dg　　(0.35 μm CMOS　5 V/3.3 V) Chart35rf　　(0.35 μm CMOS　3.3 V)
3	JAZZ	sbc18　　(0.18 μm SiGe BiCMOS　2.5 V) sbc35　　(0.35 μm SiGe BiCMOS　5 V/3.3 V) bcd35　　(0.35 μm BCD)
4	TSMC	tsmc35　SiGe　　(0.35 μm SiGe BiCMOS　5 V/3.3 V) tsmc18　SiGe　　(0.18 μm SiGe BiCMOS　2.5 V)
5	Plessey(Zarlink)	HJV　　(0.6 μm HV　Bipolar　18 V) HSA　　(0.6 μm SOI HV　Bipolar　18 V) HSB　　(0.6 μm SOI HV　Bipolar　36 V)
6	CSMC	ST02　　(0.6 μm CMOS) ST2000　　(0.6 μm CMOS) HV
7	HHNEC	bcd35　　(0.35 μm BCD) CZ6H　　(0.5 μm CMOS　——HHNEC)
8	smic	Smic18mmrf　　(0.18 μm mix-signal & RF 1.8 V/3.3 V) Smic90llrf　　(90 nm mix-signal & RF 1.2 V/1.8 V/3.3 V)
9	WIN/TQS	GaAs 工艺 0.13 ~ 0.5 μm

2)PDK 加载

在当前目录下 cds.lib 文件中调用 PDK 中的 cds.lib 或者直接将相关技术库挂载进来,即可完成 PDK 基本配置。安装完工艺库后,启动 Cadence 软件,这时在 Library Manager 界面内多了一个与 PDK 名称一样的库。没错,PDK 其实就是一个设计库,只是包含了更多功能而已。完成 PDK 安装后,PDK 文件夹的内容如图 1.43 所示。

同时,Cadence 的 Library Manager 界面内的内容增加了 PDK 的内容,如图 1.44 所示。

▲图 1.43　PDK 文件夹

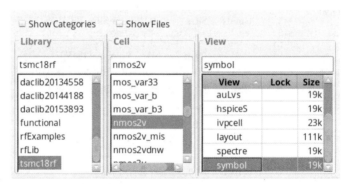

▲图 1.44　Library Manager 中显示 PDK

至此,Cadence 添加 PDK 成功,启动后可以进行基于 PDK 的电路和版图设计。

2

基础实验

本章通过具体的实验项目,熟悉 Cadence Virtuoso IC617 软件的使用,掌握模拟集成电路设计及仿真、版图设计及后仿等全流程。

实验 1　CMOS 反相器电路设计与仿真

一、实验目的

(1)熟悉 Cadence Virtuoso Schematic 编辑器的使用,记住常用的热键组合以及关联特定工艺库的方法。

(2)掌握通过原理图创建 Symbol 的方法。

(3)掌握模拟集成电路直流仿真、瞬态仿真和交流仿真等常用的模拟仿真。

二、实验仪器、材料

服务器,PC 终端,Linux 系统,Cadence Virtuoso IC617 软件系统。

三、实验原理

CMOS 反相器由一个 NMOS 管和一个 PMOS 管构成,两者共用一个栅极作为信号输入端,漏极相连作为信号输出端,电路原理图如图 2.1 所示。

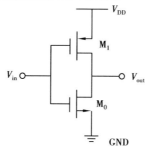

▲图 2.1　CMOS 反相器的电路原理图

为了电路能够正常工作,要求电源电压 V_{DD} 高于两个 MOS 管开启电压绝对值之和,即 $V_{DD} > (V_{TN} + |V_{TP}|)$。CMOS 电压传输曲线分为 5 个区域,如图 2.2 所示。

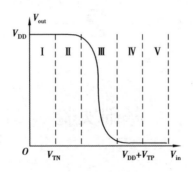

▲图 2.2　CMOS 反相器工作区域

CMOS 的工作区域特性如下:

(1)工作区 I:当 V_{in} 为低电平时,对 NMOS 管有 $V_{gs} < V_{TN}$,NMOS 截止;对 PMOS 管有 $|V_{gs}| > |V_{TP}|$,PMOS 导通,当 $|V_{gs}|$ 足够大时,PMOS 管进入可变电阻区,管压降很小,$V_{out} = V_{DD}$,处于稳定关态。

(2)工作区 III:NMOS 和 PMOS 均处于饱和状态,特性曲线急剧变化,在开关阈值 V_M 处 $V_{in} = V_{out}$。

(3)工作区 V:当 V_{in} 为高电平时,对 PMOS 管有 $|V_{gs}| < |V_{TP}|$,PMOS 截止;对 NMOS 管有 $V_{gs} > V_{TN}$,NMOS 导通。当 V_{gs} 足够大时,NMOS 管进入可变电阻区,管压降很小,$V_{out} = 0$,处于稳定开态。

四、实验内容及步骤

1. 电路原理图输入

(1)创建原理图

1)创建 Library 和 Cellview

在"tsmc18rf"目录下,输入"virtuoso",启动 Cadence,在 CIW 窗口依次单击库管理器中的 "File"→"New"→"Library",弹出"New Library"对话框,输入 Library 名称,如 20206666,选择 "Attach to an existing technology library",如图 2.3 所示。

单击"OK"按钮,弹出"关联工艺库"对话框,本实验选择"tsmc18rf"库,如图 2.4 所示。单击"OK"按钮即可完成 Library 的创建。

在库管理器中,选中刚创建的"20206666"库,单击菜单"File"→"New"→"Cell View",弹出"New File"对话窗,如图 2.5 所示。Cell 名可命名为"inv",当 Type 选择"schematic"时,View 就会默认选中 schematic(原理图)。

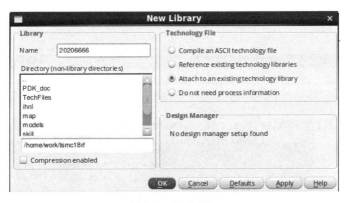

▲图 2.3 新建 Library

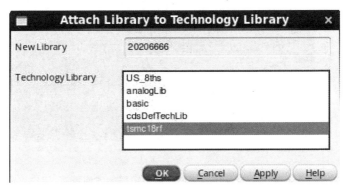

▲图 2.4 选择关联工艺库的操作

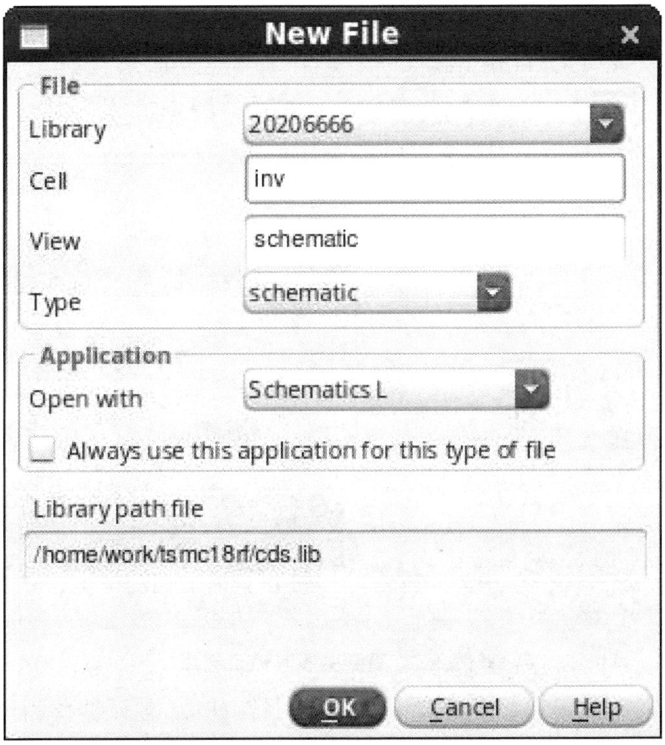

▲图 2.5 新建"New File"

单击"OK"按钮,启动"Virtuoso Schematic Editor",打开"Virtuoso"原理图编辑器的工作界面,如图2.6所示。

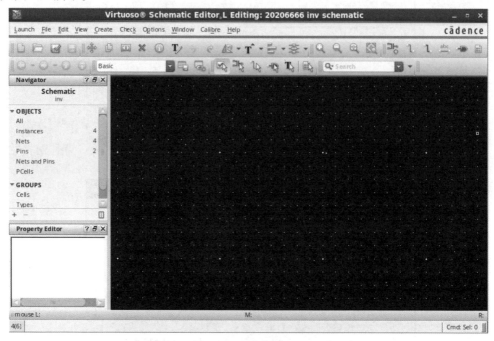

▲图2.6　"Virtuoso"原理图编辑器的工作界面

如果在上一步创建"Library"的过程中,由于操作太快而不确定是否已正确关联了特定的工艺库,可在CIW窗口中选择"Tools"→"Technology File Manager"→"Attach…"即可查看到具体关联了哪个工艺库,也可重新关联其他工艺库,如图2.7所示。

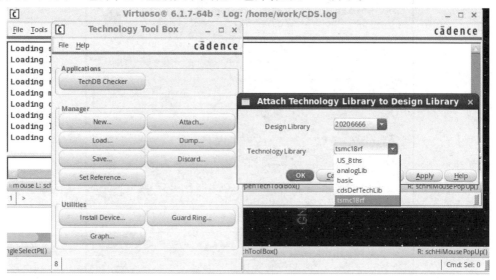

▲图2.7　重新关联其他工艺库

在原理图编辑器中放置和移动元器件、元器件属性修改、各元器件相连等操作。若用快捷键操作则更快速,表2.1列出了Virtuoso Schematic编辑常用快捷键。

表 2.1   Virtuoso Schematic 编辑常用快捷键

快捷键	功　能	快捷键	功　能
i	添加器件	Esc 键	退出正在执行的命令
q	修改属性	u	撤销上一个操作
p	放置端口	U	撤销上一个撤销操作
w	连线	X	检查并保存
l	线命名	]	放大视图
M	移动命令	[	缩小视图
c	复制功能	m	对象拖曳
r	对象旋转	g	查看报错详情

以上快捷键中,大写字母表示大写输入。如果使用过程遇到快捷键失效,应确认键盘的大小写输入状态。

2)添加 Instance

构建一个反相器需要一个 PMOS 管和一个 NMOS 管,将光标移动到原理图编辑器的空白处,按快捷键"i"即可打开"Add Instance"对话框,如图 2.8 所示,单击"Browse",弹出"Component Browser"窗口。

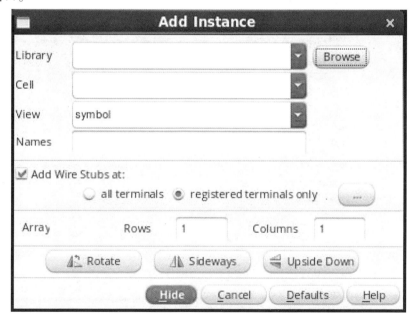

▲图 2.8   "Add Instance"对话框

在 Library Browse 窗口中,Library 选择"tsmc18rf",如图 2.9 所示。

单击 Cell 栏中的"nmos3v"或"pmos3v"即可选择器件。单击"nmos3v",打开如图 2.10 所示的对话框,其参数显示在"Add Instance"窗口中。

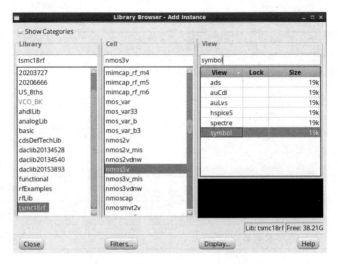

▲图 2.9　弹出"Library Browser"窗口

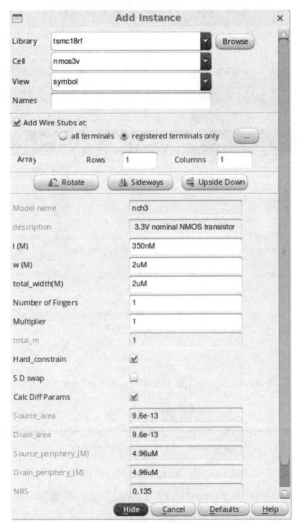

▲图 2.10　添加"nmos"

将光标移动到原理图编辑器中,NMOS 器件将会显示在鼠标光标处,选择一个合适的位置,单击鼠标左键放置 NMOS 器件。对 PMOS 器件,其操作步骤完全相同,不同之处在于需要单击 Cell 栏中的 pmos3v。

注意到放置的 PMOS 和 NMOS 晶体管旁边有参数显示,它们的值可以根据设计者的要求进行更改。更改时,先单击编辑器左侧的属性图标或按快捷键"q",再单击需要更改属性的器件图标,即可打开"Edit Object Properties"对话框。如图 2.11 所示,移动窗口右侧的滚动条可以看到更多的属性值。

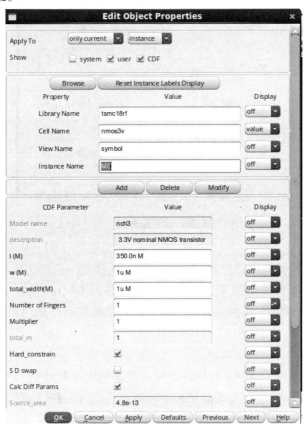

▲图 2.11 "nmos"属性修改

本次实验中,将 NMOS 器件的沟道宽度设为 1 μm,PMOS 器件的沟道宽度设为 2 μm,沟道长度均为 350 nm,更改数值后,单击"OK"完成。

接下来,需要放置电源和地的连接关系符号。这些符号在"Component Browser"对话框的"analogLib"中。单击该栏目依次选择 V_{DD}(电源)和 GND(地)符号,并将其放置到合适的位置,按"Esc"键即可结束放置器件的命令。

3)添加 Pin

按快捷键"p"添加引脚。栅极引出线连接输入引脚,漏极引出线连接输出引脚。在弹出的添加引脚对话框中,需要给引脚命名,选定引脚方向为 IN 或 OUT,按回车键即可添加引脚,如图 2.12 所示。

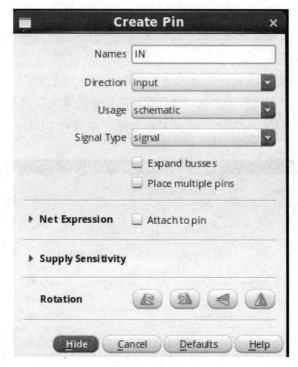

▲图 2.12　添加"Pin"

4）连线

将器件按构建反相器的原理图连接起来。使用快捷键"w"按照反相器电路的连接关系连线,首先,将 PMOS 源极连接到 V_{DD},NMOS 源极连接到 GND,PMOS 漏极连接到 NMOS 漏极,PMOS 栅极连接到 NMOS 栅极。其次,从栅极和漏极节点分别引出两根线连接引脚,按"Esc"键退出连线。

5）保存退出

在电路旁边加上适当的注释。在原理图输入界面的菜单栏中选择"Create"→"Note",可以选择添加文本注释或者注释框,写上原理图功能和状态,以便日后阅读。最终原理图,如图2.13 所示。

最后,按快捷键"Shift+X"检查并保存设计。若电路有错误或警告信息,则会弹出一个对话框。如果有报错或者警告,按快捷键"g"可以查看报错详情。若无窗口弹出,则表示电路正常。详细信息会显示在 CIW 窗口中,如图 2.14 所示。

（2）创建 Symbol

给前面设计的原理图创建一个符号,以便于仿真和用于其他电路中。从原理图编辑器的菜单中选择"Create"→"Cellview"→"From Cellview",将弹出"Cellview From Cellview"对话框,如图 2.15 所示。被创建的符号保存在"20206666"库中,From View Name 为"schematic",To View Name 为 Symbol。

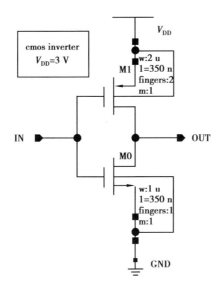

▲图 2.13 CMOS 反相器电路图

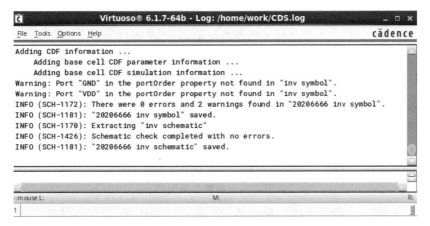

▲图 2.14 CIW 窗口显示信息

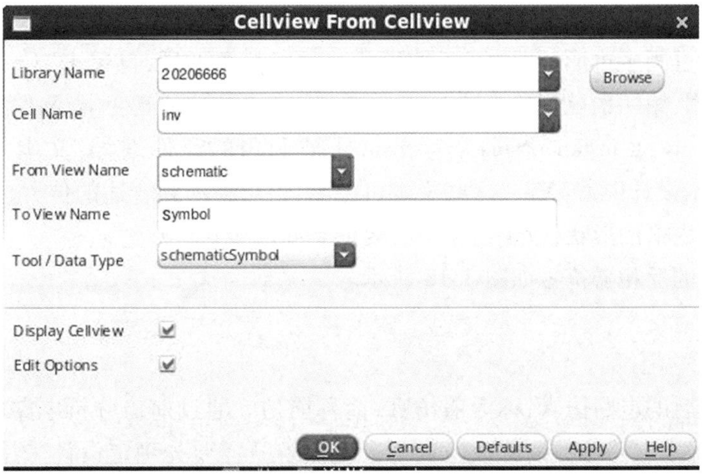

▲图 2.15 创建 Symbol 界面

其中,Symbol 的信息和形状都由系统根据原理图中的信息自动生成。为了增加辨识度,最好根据原理图功能对默认的 Symbol 稍作修改,合理安排 Pin 位置,如图 2.16 所示。

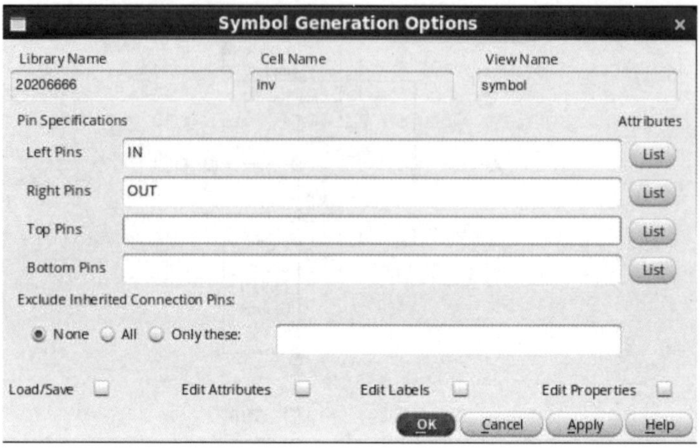

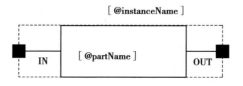

▲图 2.16　安排 Pin 位置

如果各参数正确,单击"OK"按钮完成创建,如图 2.17 所示。虚线外框展示的是在选择 Symbol 时所选中的区域,表示整个符号的外部轮廓,其大小因符号大小可调整,在符号被其他电路调用时是不可见的,实线内框显示 Symbol 的形状,实线表示符号的实际形状,可被修改成 Symbol 所表示的器件外形。

▲图 2.17　创建初始 Symbol

反相器的 Symbol 一般习惯用三角形加一个空心圆圈表示,当在其他电路中看到这个符号时就知道是反相器。我们可以选择实线内框矩形,单击编辑器左侧的"delete"图标删除。单击菜单"Creat"→"Shape"→"Line"画一个三角形,三角形必须画在虚线外框框内。可以看到,除直线外,还可画多边形、圆形等多种形状。画好三角形后,再单击"Creat"→"Shape"→"Circle"画小圆圈,第一次鼠标单击之处表示圆心,移动鼠标可改变半径,第二次单击鼠标左键画圈。其中文本[@instanceName]为 Symbol 被调用的元件编号,文本[@ partName]为 Symbol 的名称,本设计中为 INV。这些文本可编辑,也可移动到合适的位置,将虚线外框调整到刚好框住实线内框的形状,以免占据不必要的空间。

本实验创建的反相器符号如图 2.18 所示。

2. 前仿真

原理图完成后的电路仿真,称为前仿真,简称前仿。通过前仿分析电路的设计指标是否达到设计要求,确定电路参数的修改方向等。电路仿真需要先确定设计采用的工艺,正确使用仿真模型,才能获得正确的仿真结果。如果仿真模型不正确,那么仿真结果对实际设计来说毫无意义。

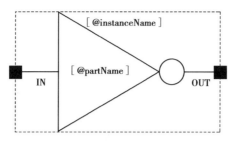

▲图 2.18　反相器符号

下面主要介绍使用 Cadence Virtuoso 模拟仿真器进行几种常用的仿真,包括直流仿真、瞬态仿真和交流仿真等。

（1）直流仿真

直流仿真可以画出反相器的输出特性曲线,显示输出电压对应输入电压的变化规律。从"tsmc18rf"文件夹中启动 Cadence,进入"Library Manager"界面,在"20206666"库中创建一个新的原理图 Cell,取名为 inv_sim,如图 2.19 所示。

▲图 2.19　新建仿真 File

添加前面实验创建的反相器 Symbol,同时添加电路激励输入信号、电源电压和地。直流源和脉冲信号源位于"analogLib"库中,名称分别为 VDC 和 VPULSE。使用 Virtuoso 原理图编辑器创建电路,如图 2.20 所示。

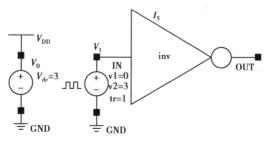

▲图 2.20　仿真电路图

其中,直流源只需设置 vdc 为 3 V,脉冲信号源 VPULSE 的详细参数设置见表 2.2。

表 2.2　VPULSE 参数含义及设置值

参　数	含　义	值	参　数	含　义	值
Voltage1	低电平	0	Rise time	上升时间	1 ns
Voltage2	高电平	3 V	Fall time	下降时间	1 ns
Period	周期	20 ns	Pulse width	高电平时间	10 ns

检查并保存创建的仿真原理图,单击菜单"Launch"→"ADE L",打开"Analog Design Environment"仿真环境窗口,如图 2.21 所示,图中右下角方框内的三角形图标为"运行仿真"按钮。

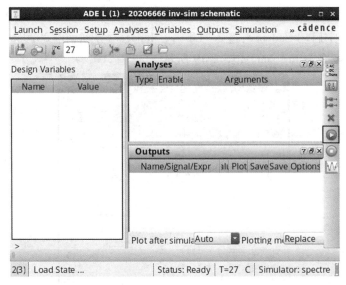

▲图 2.21　"Analog Design Environment"仿真环境窗口

首先选择仿真器,单击菜单"Setup"→"Choosing Simulator/Directory/Host…",选择"spectre"仿真器,如图 2.22 所示。

▲图 2.22　选择"spectre"仿真器

对反向器的输入端进行 0～3 V 的直流扫描,通过直流仿真求出电压传输特性。在"Analog Design Environment"环境下单击菜单"Analyses"→"Choose"→"dc",新建 DC 仿真。

选择"Component Parameter",再单击"Select Component",在原理图编辑器中选中和反相器输入端连在一起的电压源,弹出如图2.23所示的对话窗,选中第一行"dc vdc'DC voltage'"。

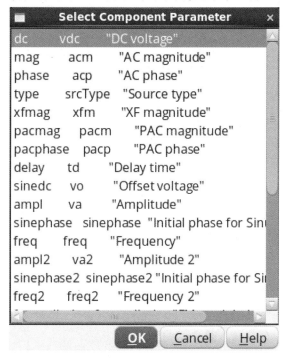

▲图2.23 选择DC仿真

单击"OK"按钮,设置"Sweep-Stop"参数为0~3 V,如图2.24所示。

单击"OK"按钮,回到"Analog Design Environment"环境下,此时在Analyses栏目下添加了DC分析,如图2.25所示。

接下来,把要输出的波形节点加入"Setting Output"区域,如图2.26所示,添加了net3和out两个输出节点。

设置完仿真选项后,单击菜单"Simulation"→"Netlist and Run",或者用鼠标左键单击ADE L界面右下角按钮运行仿真。如果仿真正确运行或者没有输出波形,可以查看CIW输出窗口,仔细阅读输出信息并查找原因。最后的DC仿真波形,如图2.27所示。

1)波形编辑

首先熟悉Zoom功能。对于Zoom来说,掌握Zoom in和Zoom fit就足够了。最方便的Zoom in方法就是在需要放大的位置单击鼠标右键,拖动鼠标形成一个矩形窗口,位于窗口内的部分被放大。若要回到原始大小,只需按快捷键"f"即可。

通过菜单"Maker"→"CreatGraphy Maker"在输入输出交叉处放置Maker,如图2.28所示。交点正是反相器的开关阈值,从图中可以看出反相器开关阈值为1.39 V,满足设计要求。同时该阈值作为后面瞬态仿真的CMOS反相器输入信号直流偏置值。

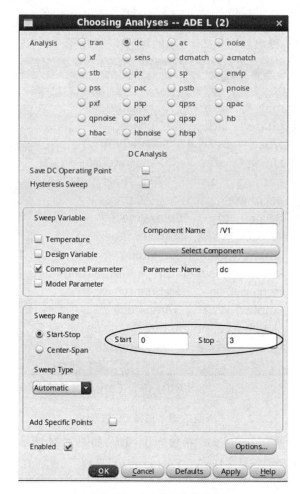

▲图 2.24　DC 仿真参数设置

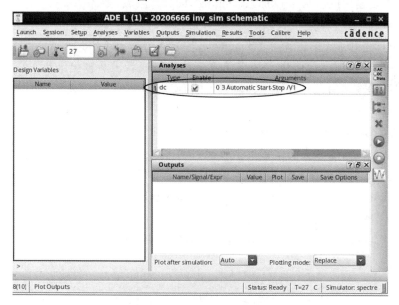

▲图 2.25　DC 仿真 ADE 窗口

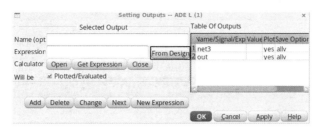

▲图 2.26　添加输出波形节点

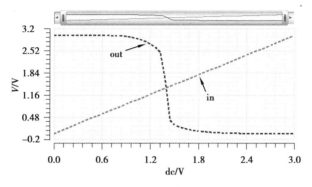

▲图 2.27　DC 仿真波形结果

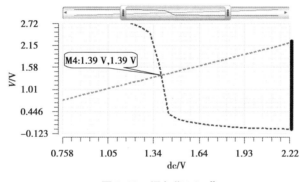

▲图 2.28　添加"Maker"

2）波形计算

计算器提供了大量的函数，它们显示在函数窗口中。可以利用计算器中的特殊函数 cross 精确计算反相器的阈值电压，单击菜单"Tools"→"calculator"打开计算器，再单击"cross 函数"选择曲线，单击"Apply"，然后再 Eval 将得到阈值电压 1.387 V，如图 2.29 所示。

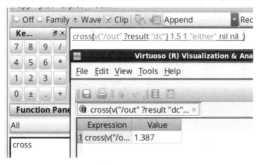

▲图 2.29　cross 函数

（2）瞬态仿真

瞬态仿真反映时域里输出信号随时间的变化关系。单击"Analyses"→"Choose…"，打开"Chooseing Analyses"对话框，根据图2.30完成设置，勾选"conservative"和"Enabled"。

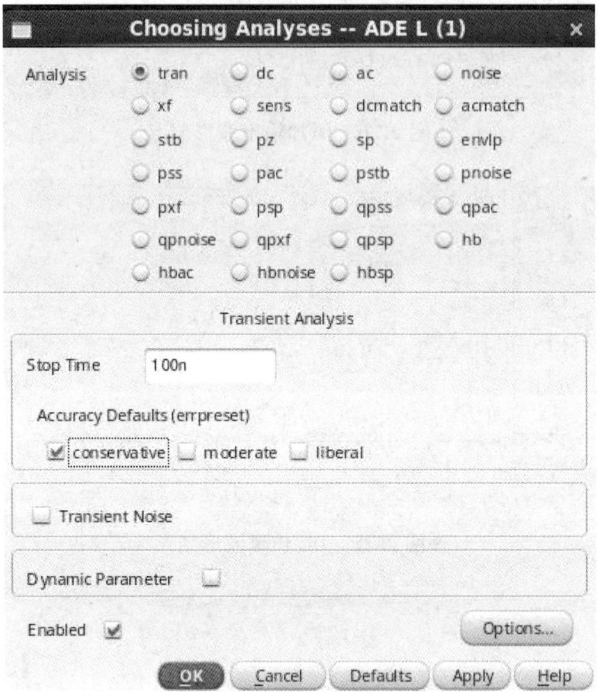

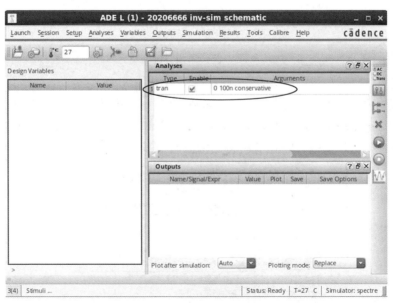

▲图2.30　设置仿真参数

设置完成后，进入仿真界面，如图2.31所示，从图中可以看出，ADE窗口已添加了tran分析。

▲图2.31　设置仿真类型

可以先不在 ADE 的 Outputs 区域添加要输出信号的节点。单击运行仿真开始仿真,若仿真有误,则会在 CIW 窗口中显示;若成功,则可单击菜单"Results"→"Direct Plot"→"Transient Signal",然后自动进入仿真电路原理图编辑器中,选择节点和连线。选择完毕后,按"Esc"键退出选择,并自动打开波形显示窗口。本实验只需选择反相器的输入、输出端两个节点。需要注意的是,显示电压要选择连线,显示电流则选择节单,如图 2.32 所示为输入、输出端电压曲线,图中右上角框内的图标为"Strip Chart Mode"。

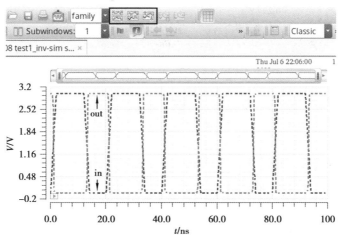

▲图 2.32 瞬态仿真结果

图 2.32 中的图形是将输入输出波形重叠显示出来的,若不习惯这种模式,可单击菜单"Graph"→"Split All Strips",即可得到波形分离显示模式,如图 2.33 所示。也可用工具栏中的"Strip Chart Mode"图标实现波形分离显示。

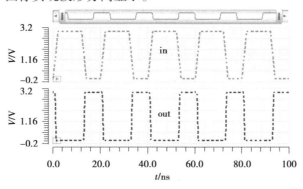

▲图 2.33 波形分离显示

1)波形编辑

要计算波形的上升和下降时间,需要放大波形的上升沿和下降沿附近的曲线,上升沿和下降沿局部放大后的曲线,如图 2.34 所示。

为了计算上升时间,需要定义上升沿的起始点位置,可通过放置两个垂直方向的 Marker 来定义,单击菜单"Marker"→"Place"→"Vert Marker",再单击输出波形的合适位置放置起始和终止 Marker。两个 Marker 的横坐标时间差值即为上升时间,如图 2.35 所示。

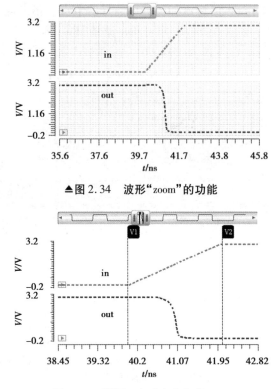

▲图 2.34   波形"zoom"的功能

▲图 2.35   放置两个垂直方向的 Marker

2）波形计算

可使用特殊函数 riseTime 来计算上升或下降时间。单击"Calculator"图标打开计算器，选中"Wave"，在函数窗口中单击"riseTime"，在打开的"Initial Value Type"和"Final Value Type"窗口中选择"y"，初始值和最终值按 marker 位置显示的数值键入，在此，初始值为 0，最终值为 3。单击"OK"，再单击"Eval"即可得到上升时间的计算结果 753.7E-12，如图 2.36 所示。

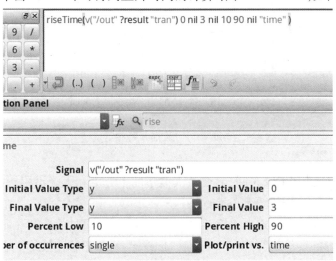

（a）上升时间计算设置

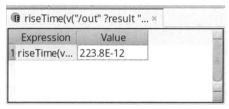

（b）计算结果

▲图 2.36　上升时间计算

下降时间的计算也是使用 riseTime 函数,不同之处在于 Marker 的起始位置应定义在输出曲线的下降沿部分。在调用 riseTime 函数时,键入的初始值要大于最终值,分别为 3 和 0,单击"OK",再单击"Eval"即可得到下降时间的计算结果 249.2E-12,如图 2.37 所示。

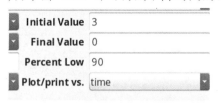

（a）下降时间计算

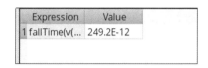

（b）计算结果

▲图 2.37　下降时间计算

利用特殊函数 delay 计算传输延迟:计算传输延迟定义为输出 50% 相对于输入 50% 的时间间隔。单击"wave",先选输出曲线,再选输入曲线(注意先后次序),这里表示输出相对于输入的延迟,否则就反过来了,延迟会为负值。再单击 delay 函数,阈值键入 2.5,它表示工作电压的 50%,边沿数保留默认值 1,单击"OK",再单击"Eval"即可得到传输延迟的计算结果 753.7E-12,如图 2.38 所示。

（a）传输延迟计算设置

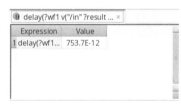

（b）计算结果

▲图 2.38　传输延迟计算

（3）交流仿真

在进行交流仿真前,需要把反相器测试电路中的 V_{pulse} 信号源换成 V_{sin} 信号源。V_{sin} 信号源的设置为:Offset voltage 为 1.4 V,AC magnitude 为 1 V,AC phase 为 0。搭建的交流仿真电路,如图 2.39 所示。

在"Analog Design Environment"环境下,单击菜单"Analysis"→"Choose"→"ac",按图 2.40 选择扫描变量、扫描范围、扫描类型等。

单击"OK"结束设置。单击运行仿真开始仿真,结束后从菜单"Results"→"Direct Plot"→"AC Gain & Phase"中看结果,只需选择输出节点来观察幅频和相频特性,从图 2.41 中可以看出,此反相器的带宽约为 1.26 GHz。

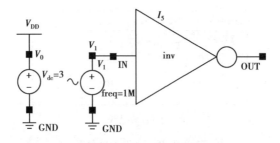

▲图2.39　交流仿真电路图

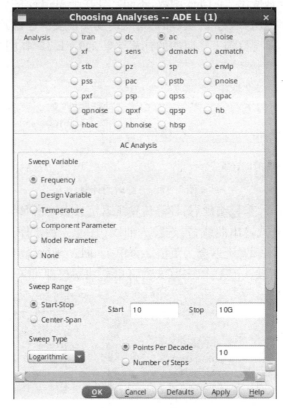

▲图2.40　ac仿真设置

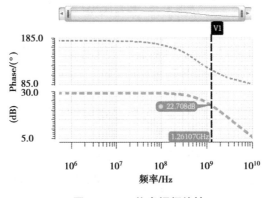

▲图2.41　ac仿真幅频特性

由于 Cadence 仿真功能很多,无法一一介绍,因此,本节所演示的 CMOS 反相器仿真也没有全部介绍所有设置和仿真。

软件的使用需要用户适当摸索,可利用"Cadence Help"工具学习"ADE L"其余仿真方法,也可参考 Cadence 手册——《*Virtuoso Spectre Circuit Simulator and Accelerated Parallel Simulator User Guide*》。

五、实验思考题

反相器的开关阈值与 PMOS 和 NMOS 的尺寸比值有关,要实现开关阈值在电源电压的中间值附近,PMOS 管子尺寸与 NMOS 管子尺寸要满足什么关系?

实验 2　CMOS 反相器版图设计

一、实验目的

(1)熟悉 Cadence Virtuoso 版图编辑器的使用,记住常用的热键组合;

(2)熟悉版图 DRC,LVS 和 PEX 流程;

(3)掌握常用的模拟仿真,包括瞬态仿真、直流仿真和交流仿真。

二、实验仪器、材料

服务器,PC 终端,Linux 系统,Cadence Virtuoso IC617 软件系统。

三、实验原理

原理同"实验 1　CMOS 反相器电路设计与仿真"。

四、实验内容及步骤

1.版图设计

器件的版图实现大致有以下 3 种方法:

①用户自行画器件版图。按照工艺中器件的定义和设计中器件的尺寸,逐层画出器件的所有层,以实现器件功能(适用于没有 PDK 的设计)。

②调用 PDK 中的器件。从 PDK 中调用工艺库提供的器件,可以方便更改器件尺寸(适用于基于 PDK 的设计)。

③从原理图中导入器件。软件支持从原理图中导入器件版图,导入的器件属性与原理图中的器件保持一致(适用于基于 PDK 的设计)。

本书采用从原理图导入器件的版图设计方式,直接使用 PDK 提供的器件版图资源,不需要自己画出晶体管的版图,只需将现成的晶体管版图连接起来构成反相器版图即可,免除了自己设计器件版图的麻烦。

打开反相器的原理图,单击菜单"Launch→Layout XL",弹出如图 2.42 所示的对话框。

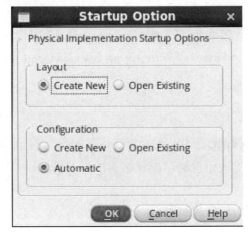

▲图 2.42　从原理图导入版图

选择"Create New",单击"OK",弹出如图 2.43 所示的对话框,输入 Cell 名称"inv",View 选择"layout"。单击"OK",可自动打开版图编辑器。在打开的版图编辑器中依次单击菜单 "Connectivity"→"Generate"→"all from source…",弹出"Generation Layout"对话框,取消"I/O Pins"和"PR Boundary"前面的钩,如图 2.44 所示。

单击"OK",可自动生成晶体管版图和管脚符号,如图 2.45 所示。按"Shift+f"显示版图 内部结构,按"Ctrl+f"只显示版图轮廓。

版图界面的上方是工具栏,与原理图界面功能相似,包括新建内容、调用器件等内容。在 版图界面左侧有一个显示工艺层的窗口(LSW),这是画版图过程中使用率最高的窗口,在其 中可以设置选择某一层、显示哪些层以及哪些层可以被选中等,也可更换层的显示形状和颜 色。除此之外是版图工作区域,用户调用、绘画的版图都在其中显示。

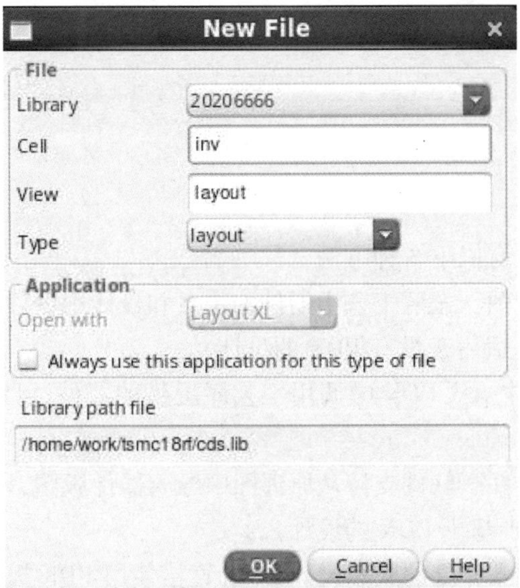

▲图 2.43　创建新的版图文件

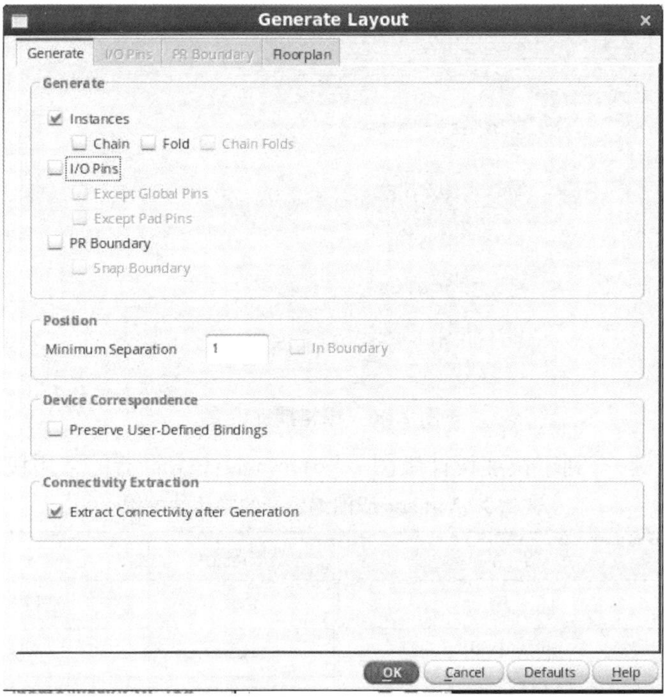

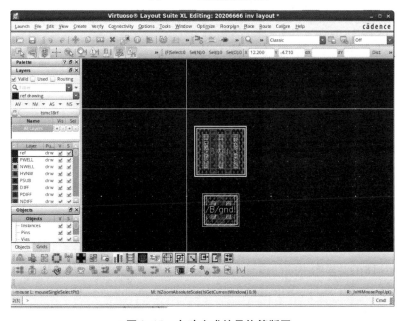

▲图 2.44　生成版图设置

▲图 2.45　自动生成的晶体管版图

为了精确移动定位,单击菜单"Options"→"Display",打开"Grid Controls"设置,将栅格捕捉按图 2.46 设置好。X 和 Y 栅格捕捉必须为 0.005 的整数倍,0.005 是该工艺的最小栅格分辨率,但栅格捕捉设置不能大于 0.15。

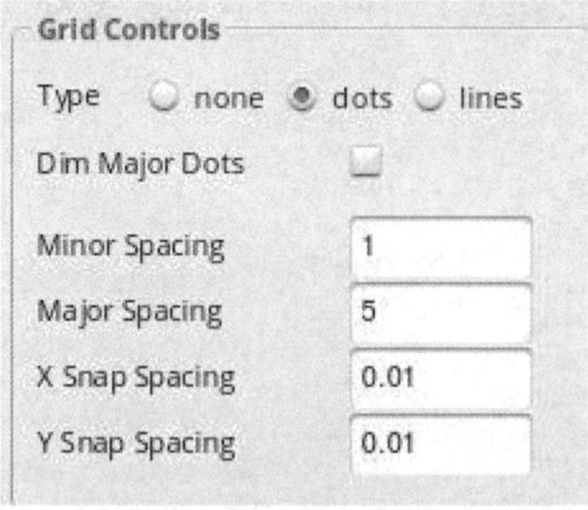

▲图 2.46　栅格捕捉设置

掌握常用快捷键,有利于快速设计版图。Virtuoso 版图编辑器的常用快捷键,见表 2.3。

表 2.3　Virtuoso 版图编辑器的常用快捷键

快捷键	功　　能	快捷键	功　　能
i	插入模块	Esc	清除刚键入的命令
p	插入 Path	k	标尺工具
o	插入过孔	S	拉伸工具 Stretch
R	画矩形	a	快速对齐
m	移动	u	撤销上一次操作
c	复制	f	整图居中显示
z	区域放大缩小	Delete	删除
q	显示属性	l	创建线名
Ctrl+f	显示层次	Shift+C	裁切(Chop)
Ctrl+D	取消选择	Shift+K	清除所有标尺
Shift+z	缩小	Shift+P	多边形工具 Polygon
Ctrl+z	放大	Shift+u	取消撤销操作
Ctrl+a	选中所有	Shift+z	缩小

　　要了解 tsmc18rf 工艺库中的晶体管是由哪几个层构成的可进行如下操作。例如,要了解 PMOS 管的结构,先选中器件,再单击菜单"Edit"→"Hierarchy"→"Descend Read",在打开的对话框中,单击"OK"可进入详细的 PMOS 管版图。tsmc18rf 工艺库中 PMOS 管的详细版图,如图 2.47 所示。

　　图 2.48 是 NMOS 管的详细版图。用鼠标任意单击一个层选中它,再按快捷键"q"查看属性就可知道这个层的名称。要退出版图返回到上一层,单击菜单"Edit"→"Hierarchy"→"Return"。

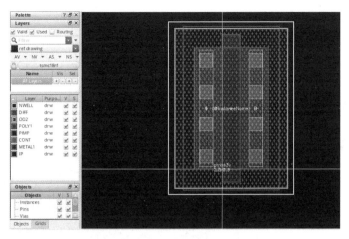

▲图 2.47   PMOS 管的详细版图

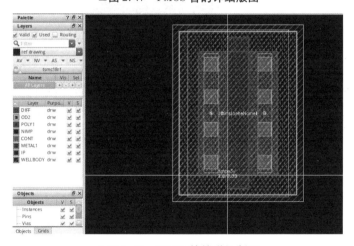

▲图 2.48   NMOS 管的详细版图

其中,tsmc18rf 版图中常用层的名称和功能,见表 2.4。

表 2.4   tsmc18rf 版图中常用层的名称和功能

显示名称	实现功能
POLY1,POLY2	栅极或者电阻区域等
METAL1,METAL2,METAL3,…	所有金属互连
OD2	定义离子注入区域
PIMP,NIMP	定义离子注入类型
CONT	active area(poly)与 M1 的过孔
M1_POLY1,M1_SUB,…	过孔
NWELL	N 阱
WELLBODY	衬底
DIFF	扩散区

了解 PMOS 和 NMOS 晶体管的版图结构后,通过元件的布局、布线完成版图设计。为了

画得准确,经常需用到度量尺,单击编辑器左侧工具栏最下面的 Ruler 图标或按快捷键"k"即可放置度量尺。按"Shift+k"清除所有度量尺。画版图用得最多的命令是画矩形,单击菜单"Create"→"Rectangle",或按快捷键"r"开始画矩形,按"Esc"退出命令。然后用"path"命令将反相器版图按电气连接关系连接起来,如图 2.49 所示。用"path"命令的好处是在切换不同的工艺层时它能自动加入连接头。

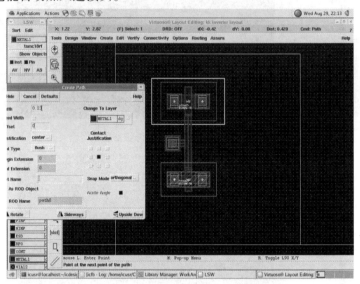

▲图 2.49　用"path"命令连接 MOS 管器件示意图

接下来,先用多晶硅将两个晶体管的栅极连接起来。再用 Via 将栅极和金属层 1 连接起来。将 PMOS 管和 NMOS 管的漏极连接起来。一般用金属层 1 进行连接。

以上步骤完成了器件之间的连线,剩下的一项内容就是给 NMOS 和 PMOS 加上衬底接触。因为 PMOS 是 NWell,所以 NMOS 的衬底接触做在 p plus 上,PMOS 的衬底接触做在 NWell 上。器件的衬底接触也可直接在器件属性编辑栏中,选择"Bodytei Type"类型,然后选择衬底接触的放置位置,这种衬底接触由 PDK 自动实现,用起来很方便。

添加信号输入线、输出线、电源线和地线 label 分别为 IN,OUT,V_{DD},GND。

完成以上步骤后,可在版图设计界面选择菜单"Edit"→"Advanced"→"Move Origin",选择版图的坐标原点,这样便于以后调用。

反相器完整的参考版图,如图 2.50 所示。其中用了两层金属,实验中也可只用一层金属 Metal1 实现。

（1）DRC

接下来,进行 DRC(Design Rule Check,设计规则检查)检查。本书使用功能更强大的 Calibre 版图设计验证工具。单击菜单"Calibre"→"RunnmDRC…",弹出"Load Runset File"对话框,这时软件要求载入以前保存的设置。打开"Calibre Interactive"窗口,如图 2.51 所示。

图 2.51 框中的路径为指定好工艺库中 DRC 文件的路径,该路径对于每个用户来说可能不太相同,具体需找到用户当前目录下的 tsmc18rf 文件夹,后面的路径与图片一致。并在"Directory"处设定运行 DRC 结果保存的目录,单击"Input"后弹出如图 2.52 所示的对话框。接下来,按照图中的选项设置。

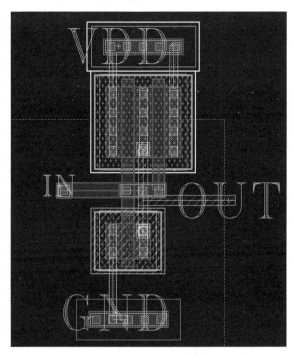

▲图 2.50　反相器完整的参考版图

▲图 2.51　Calibre DRC 规则设定界面

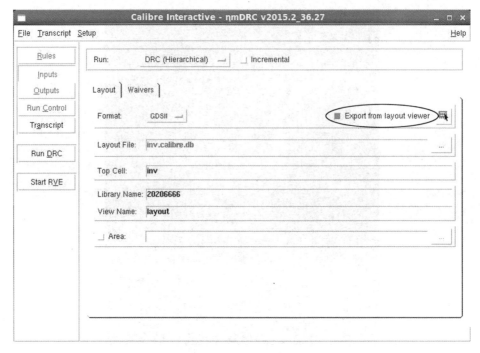

▲图 2.52　DRC 设置界面

单击"Run DRC"运行 DRC 检查。运行完后弹出如图 2.53 所示的对话框。

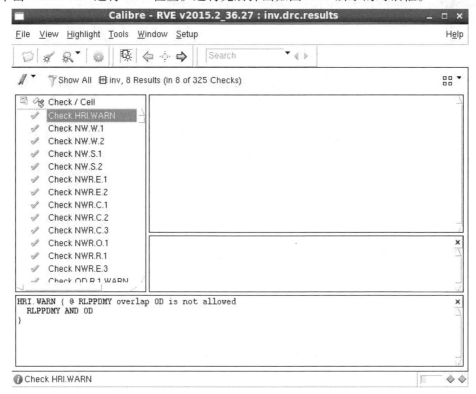

▲图 2.53　DRC 运行后显示所有结果

将左上角的"▽Show All"改成"▽Show Unresolved"后,其结果如图 2.54 所示。

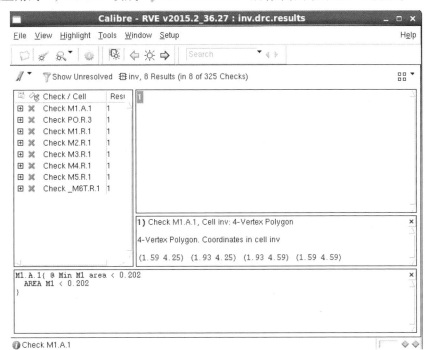

▲图 2.54　DRC 显示错误结果

图中的叉号代表 DRC 错误,需要改正错误,再重新运行 DRC 检查,直到排除最多只剩下图 2.54 的错误为止。图 2.54 的错误显示的是密度问题,它表示你的某一层的密度不够,这点可以忽略。当然,也可以改正到比上图的错误少,详细的错误信息会在单击错误后显示在下方栏目,如图 2.55 所示。

```
M2.R.1 { @ Min M2 area coverage < 30%
  DENSITY M2xd < 0.3 PRINT M2_DENSITY.log
}
```

▲图 2.55　DRC 检查金属密度错误

如图 2.55 所示的错误就是说 M2 的密度低于 30%,需要增加 M2 的面积,因为在集成电路加工过程中,密度问题会带来良率问题。当然,这个错误在底层模块可以忽视。

(2) LVS

DRC 通过后,紧接着是 LVS(Layout Versus Schematics,版图原理图对比),这项内容是检查版图连线与原理图连线是否一致,确保版图设计中所有连接都与原理图一致。在版图设计界面,单击菜单"Calibre"→"Run nmLVS…",随后运行"Calibre LVS"工具,在弹出"Load Runset File"界面时选择"Cancel",弹出窗口如图 2.56 所示。

与 DRC 检查一样,按照图 2.57 中画圈处找到当前目录下的"calibre.lvs"文件,然后在设置规则文件处的下方添加 LVS 的运行目录,单击"Input",对弹出的对话框单击"Yes"后,确保图 2.57 的两项是选中的。

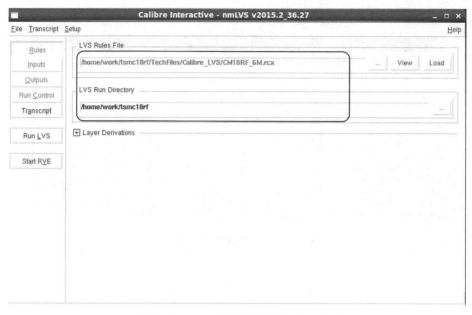

▲图 2.56   LVS 版图原理图对比验证规则

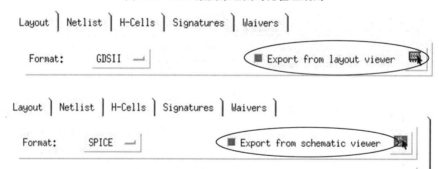

▲图 2.57   LVS 设置

同时,还要打开"Setup"菜单,打开"LVS Options",如图 2.58 所示。

▲图 2.58   打开"LVS Options"窗口

然后,在"Power nets"中输入"vdd",在"Ground nets"中输入"gnd",如图 2.59 所示。

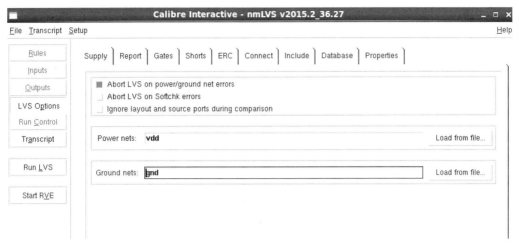

▲图 2.59　设置"LVS Setup"

当设置完上述配置后,可以保存这个配置环境,如图 2.60 所示,方便下次进行 LVS 检查时,直接选择这个配置环境即可,不用再重新配置参数。同理,DRC 也可以进行相同的处理。

▲图 2.60　保存 LVS 规则

最后,运行 LVS 的检查。单击"Run LVS",弹出 LVS 的运行结果,如图 2.61 所示。其结果显示 LVS 未通过。

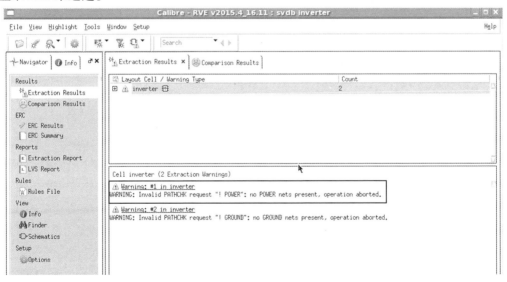

▲图 2.61　LVS 的运行结果(未通过)

图 2.61 中第一项是提取结果,它会提示你一些短路和标签 Warning。例如,图 2.61 中方框内提示版图中没有电源。单击悲伤脸图标,会出现 LVS 的具体错误,如图 2.62 所示。

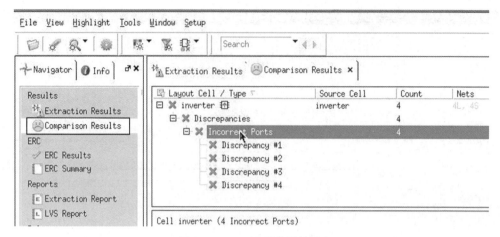

▲图 2.62　LVS 显示错误的地方

图 2.62 显示的是 LVS 检查的具体错误,最上方的数字 4 显示你一共有 4 个错误,而 Incorrect Ports 右边的数字 4 则显示这 4 个错误都是端口错,对于 LVS 检查结果来说,错误的类型有很多种,包括线网错误、器件错误等,如图 2.63 所示。然后,我们逐一定位并改正这些错误。

▲图 2.63　LVS 具体错误显示

图 2.63 是在选中一个错误后的显示,因为这个错误提示版图中缺少 V_{DD} 的 Pin,所以需要在相应位置添加这个 Pin。当改正完所有错误后,再重新运行 LVS,直到出现笑脸图标,如图 2.64 所示,表明 LVS 检查通过。

▲图 2.64　LVS 的运行结果(通过)

有一点需要提示,刚接触版图设计的同学,LVS 中会有 ERC 的结果,在 LVS 通过后,也需要留意 ERC 是否满足规则。

（3）PEX

版图通过 DRC 和 LVS 后，下一步的工作是 PEX（Parasitic Parameter Extraction，寄生参数提取）。一般设计规则都要求运行 PEX 时首先运行 LVS，因为只有电路连线与原理图一致后提取出来的后仿文件才有意义，否则，对电路仿真没有任何用处。当然，在代工厂提供的设计规则文件中也有相应的选项，用户可以选择不运行 LVS，直接运行 PEX。Calibre 运行 PEX 前需要的设置有很大一部分与 LVS 设置相同，只是在输出文件类型上用户可以根据自己的需要灵活选择，方便自己的仿真即可。

在版图设计界面，单击菜单"Calibre"→"Run PEX"运行"Calibre PEX"工具，弹出"Load Runset File"界面时选择"Cancel"，弹出如图 2.65 所示的对话框。

▲图 2.65　PEX 规则文件路径

与 DRC 和 LVS 一样，先选定规则文件，然后建立运行目录。之后同样在 Input 中保证图 2.66 中的选项被选中。

▲图 2.66　PEX 中的"Input"设置

然后,单击"Outputs"一栏,相关参数设置,如图 2.67 所示。

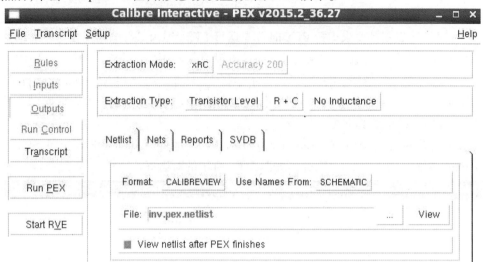

▲图 2.67　PEX 中的"Outputs"设置

在运行 PEX 时,需选择抽取寄生参数的类型,到底是选择"R+C"还是选择"R+C+CC"呢? 不同类型表示抽取不同的寄生参数,可根据电路特性选择:

①带 R 的类型:表示抽取的寄生信息中包含连线的电阻信息,通常对电阻敏感的电路在抽取寄生参数类型时需要包含 R 参数。

②带 C 的类型:表示抽取的寄生信息中包含节点的本征电容信息,对电容敏感的电路在抽取寄生参数类型时需要包含 C 参数。

③带 CC 的类型:表示抽取的寄生信息中包含节点之间的耦合电容,对电容敏感的电路在抽取寄生参数类型时需要包含 CC 参数。

一般认为,包含越多的信息预示着与实际电路更接近,但是同时也需要更多的仿真资源和更久的后仿真时间。需要注意的是,"R+C"的类型也是抽取节点间的耦合电容,只是通过换算将耦合电容等效在本征电容上。有经验的设计者会根据电路的特性选择抽取不同的寄生参数类型,当然,对规模很小的电路可直接选择"R+C+CC"的类型,以免除其他考虑。

配置好后,首先可以像 DRC 和 LVS 一样保存配置环境,然后就可运行 PEX,单击"Run PEX",会弹出如图 2.68 所示的界面。

在图 2.68 中,红框内的路径为 cellmap 路径。与之前一样,找到所在目录下的这个文件并选中,其余配置按图 2.68 中所示的一样即可,单击"OK",会弹出"PEX 提取参数成功"对话框,如图 2.69 所示。

这时就表明参数提取成功。这个提取的带寄生参数的 View 会生成在当前的单元中,名字为"calibre",如图 2.70 所示。

打开这个视图,会出现如图 2.71 所示的情况,图中椭圆区域部分即为提取出的寄生参数。

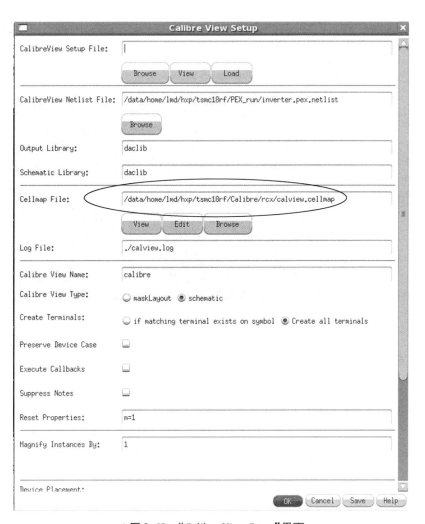

▲图 2.68　"Calibre View Setup"界面

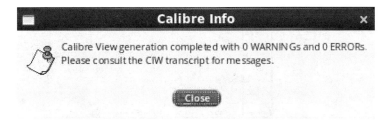

▲图 2.69　PEX 提取参数成功

View	Lock	Size
av_extracted		31k
calibre		34k
layout	lmd@sislab	39k
schematic		28k
symbol	lmd@sislab	22k

▲图 2.70　Library Manager 窗口

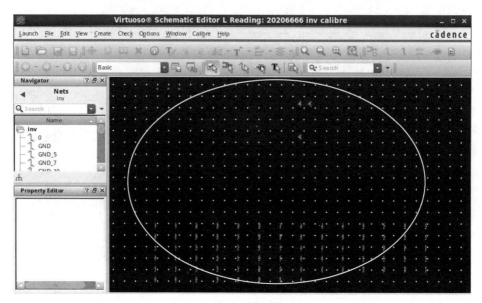

▲图 2.71   提取出的寄生参数

2. 后仿真

现在,对反相器电路进行最后一步工作,即后仿真。版图寄生参数提取后的仿真就是后仿真,简称后仿。后仿与实际电路表现得更加接近,通过后仿与前仿的对比,可以发现在版图设计中存在的一些问题,及时修改版图,保证流片结果正确。

打开实验 1 的前仿原理图,添加一个来自实验 1 创建的反向器 Symbol,连线与前仿相同,信号源参数设置与前仿真设置相同,如图 2.72 所示。另存为"inv-sim-p"(后面的 config 文件名要与该文件名一致),然后退出。

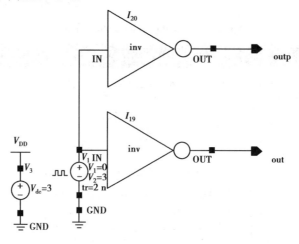

▲图 2.72   创建后仿电路图

在与前仿相同的 Library 中新建 Cell 和 View,分别为"inv-sim-p"和 config 类型,如图 2.73所示。

单击"OK",弹出关联提取参数窗口,如图 2.74 所示。

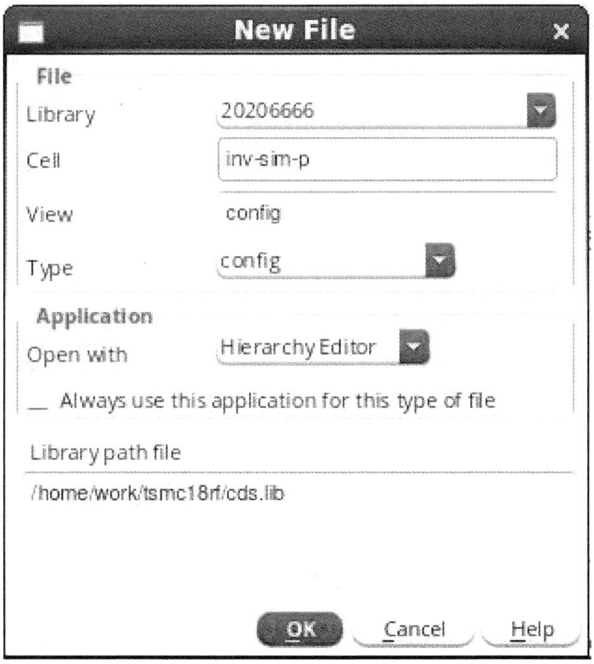

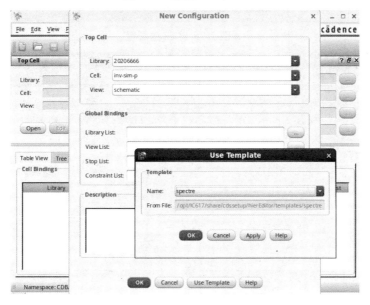

▲图 2.73 新建 Cell 和 View

▲图 2.74 关联提取参数

在弹出窗口中,View 选择"schematic",单击"Use Template"选择"spectre",如图 2.75 所示。

单击"OK"保存,在 config 视图中可以看到原理图中的两个反向器器件,如图 2.76 所示。

分别选择这两个反向器,单击右键打开菜单,分别设置"calibre"和"schematic",如图 2.77 所示。

▲图 2.75 Cell 的配置

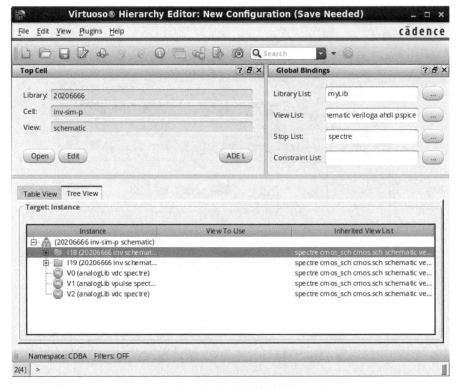

▲图 2.76 配置后的界面

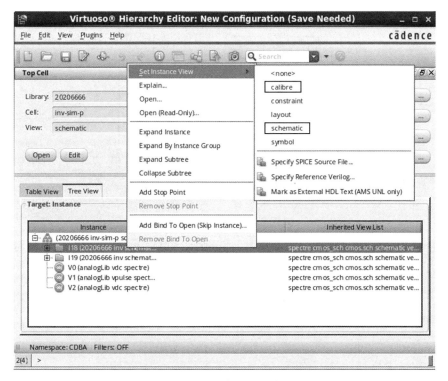

▲图 2.77 设置两个反相器的前、后仿

设置完成后的窗口,如图 2.78 所示。

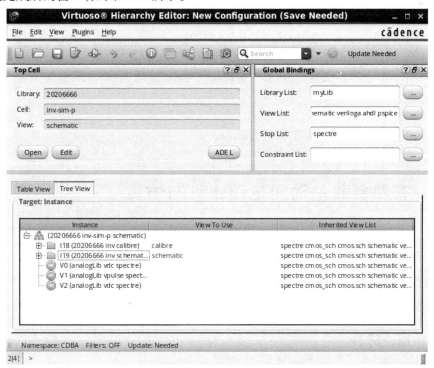

▲图 2.78 设置完成后的窗口

打开原理图后,采用与实验 1 步骤相同的瞬态仿真,仿真结果如图 2.79 所示。

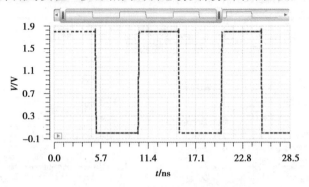

▲图 2.79　瞬态仿真波形

瞬态仿真波形下降沿局部放大图,如图 2.80 所示。可以看出,后仿的输出相对于前仿的输出,增加了一定的输出延迟时间。

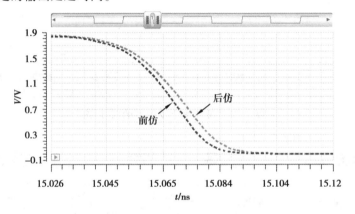

▲图 2.80　瞬态仿真波形下降沿局部放大图

五、实验思考题

怎样提高 CMOS 反相器的传输特性?

实验 3　有源负载差动对电路设计与仿真

一、实验目的

(1)熟悉 Cadence Virtuoso Schematic 编辑器的使用。
(2)学习并熟悉基本差动对电路结构,完成有源负载差动对电路的设计与仿真。

二、实验仪器、材料

服务器、PC 终端、Linux 系统、Cadence Virtuoso IC617 软件系统。

三、实验原理

根据 tsmc18rf 工艺参数,设计一个有源负载差动对,其电路结构如图 2.81 所示。V_{DD} = 2.5 V,要求在输出端接 C_L = 2 pF 电容时,转换速率 S_R>20 V/μs,f_{3dB}>1 MHz,A_v>40 dB、P< 0.5 mW、0.8 V≤V_{icmr}≤1.6 V。

电路拓扑由 5 只晶体管组成,两只输入管 M1 和 M2 为互相对称的 NMOS 管,构成差分输入结构。M3 和 M4 为互相对称的 PMOS 管,构成有源电流镜实现双端变单端输出。M5 提供尾电流,如图 2.81 所示。不考虑深阱工艺等特殊工艺,所有的 NMOS 的 B 端接 GND、PMOS 的 B 端接 V_{DD}。

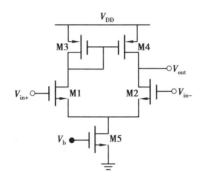

▲图 2.81　有源负载差动对结构

四、实验内容及步骤

1. 参数设计

(1)确定尾电流 I_5 的大小

首先,确定尾电流 I_5 的取值,才能确定各个晶体管的尺寸。

根据转换速率不低于 20 V/μs,有

$$S_R = \frac{I_5}{C_L}(I_5 = I_{SS}) \tag{2.1}$$

得 I_5≥40 μA。

根据截止频率不低于 10^6 MHz,有

$$f_{-3\,dB} = \frac{1}{2\pi R_{out}C_L} = \frac{(\lambda_n+\lambda_p)I_5}{4\pi C_L} \tag{2.2}$$

得 I_5≥113 μA。

根据功耗不高于 0.5 mW,有

$$P = V_{DD}×I_5 \tag{2.3}$$

得 I_5≤200 μA。

综上所述,40 μA<I_5<200 μA,由于下限值由转换速率和截止频率约束,上限值由功耗约束,因此,为了更好地接近指标,其取值可以稍微靠上限值,初步取值 I_5 为 180 μA。

（2）确定 M1 和 M2 的尺寸

根据 $A_v > 40$ dB，有

$$A_v = g_m \cdot r_0 = \sqrt{2\mu_n C_{Ox} \frac{W}{L} \Big|_1 I_{D1}} \times \frac{1}{(\lambda_n + \lambda_n) I_{D1}} = \sqrt{\frac{2\mu_n C_{Ox} \left(\frac{W}{L}\right)_1}{(\lambda_n + \lambda_n)^2 I_{D1}}} \tag{2.4}$$

并且 $I_{D1,2} = 0.5 I_5$，得 $(W/L)_{1,2} = 25.25$。

（3）确定 M3 和 M4 的尺寸

根据 $V_{icmr\_max} = 1.6$ V，有

$$V_{icmr\_max} = V_{DD} - V_{sg3,4} + V_{thn} \tag{2.5}$$

得 $(W/L)_{3,4} = 3.5$。

（4）确定 M5 的尺寸

根据 $V_{icmr\_min} = 0.8$ V，由式（2.6）、式（2.7）和式（2.8）知

$$V_{gs1,2} = \sqrt{\frac{2I_{D1,2}}{\mu_n C_{Ox} \left(\frac{W}{L}\right)_{1,2}}} + V_{th1,2} \tag{2.6}$$

$$V_{icmr\_min} = V_{on5} + V_{gs1,2} \tag{2.7}$$

$$I_{D3,4} = 0.5 I_5 \tag{2.8}$$

得 $(W/L)_5 = 25.7$，$V_b = V_{GS5} = 0.575$ V。

电路各 MOS 参数汇总见表 2.5。

表 2.5　电路各 MOS 参数汇总表

参　　数	M1，M2	M3，M4	M5
$W/\mu m$	9.09	1.26	9.25
L/nm	360	360	360
W/L	25.25	3.5	25.7

2. 电路图输入及仿真

调用 MOS 管，修改参数、连线，添加 V_{DD}，GND 和 Pin 后的电路原理图，如图 2.82 所示。

生成 symbol，添加激励信号源，建立仿真测试图，如图 2.83 所示。

瞬态仿真结果，如图 2.84 所示。

由结果输入、输出信号的幅值可以看出，电路实现了信号放大。

五、实验思考题

当 MOS 管沟道长度减小时，其器件工艺参数将如何变化？

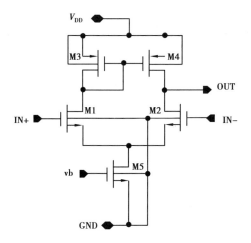

▲图 2.82　电路原理图

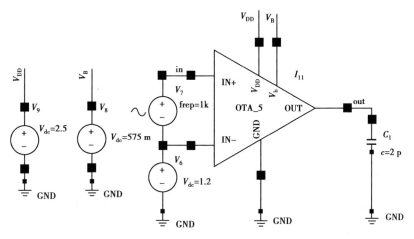

▲图 2.83　仿真测试图

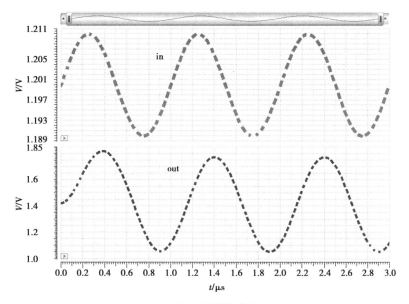

▲图 2.84　瞬态仿真结果

实验 4　有源负载差动对版图设计

一、实验目的

(1)熟悉 Cadence Virtuoso 版图编辑器的使用。

(2)设计有源负载差动对电路版图并仿真。

二、实验仪器、材料

服务器、PC 终端、Linux 系统、Cadence Virtuoso IC617 软件系统。

三、实验原理

同"实验 3　有源负载差动对电路设计与仿真"。

四、实验内容及步骤

1. 版图设计

直接按照原理图的电路参数生成器件版图,按照原理图电气连接关系用 poly 或者 Metal1 依次连接各个电极,需要注意是否有短路,注意线与线之间的间距,label 需要使用 Meatl1 Pin 进行标注。绘制的版图如图 2.85 所示。

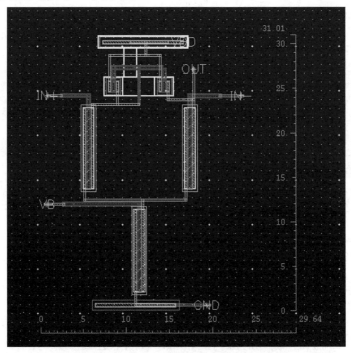

▲图 2.85　未修改 Finger 参数的版图

由图 2.85 可以看出,由于 MOS 管 $M_1 \sim M_5$ 宽长比较大,版图非常浪费面积。因此,修改 MOS 管 $M_1 \sim M_5$ 宽长比参数,修改 Fingers=5,采用多栅极并联模式,如图 2.86 所示。

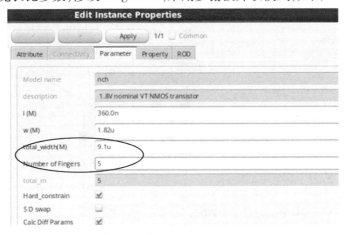

▲图 2.86　修改 MOS 管 Fingers=5

优化后的版图如图 2.87 所示,从标尺刻度可以看出版图更紧凑、面积更小。

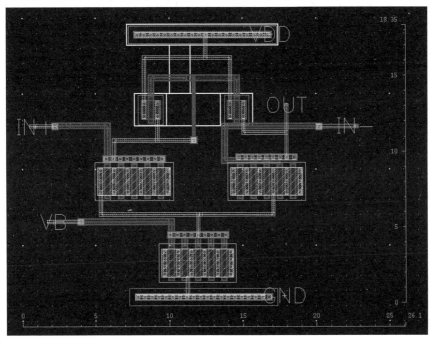

▲图 2.87　有源负载差动版图

版图通过 DRC,LVS 检查和 PEX 寄生参数提取后,下面进行后仿真。

2. 后仿真

搭建仿真原理图进行瞬态仿真和交流仿真。在仿真原理图中,上面一个 symbol 为添加 calibre 参数的后仿,下面一个 symbol 为电路参数的前仿。上下两个电路的电路结构完全一样,只不过上面电路是考虑寄生参数等之后的用于后仿真的电路,如图 2.88 所示。

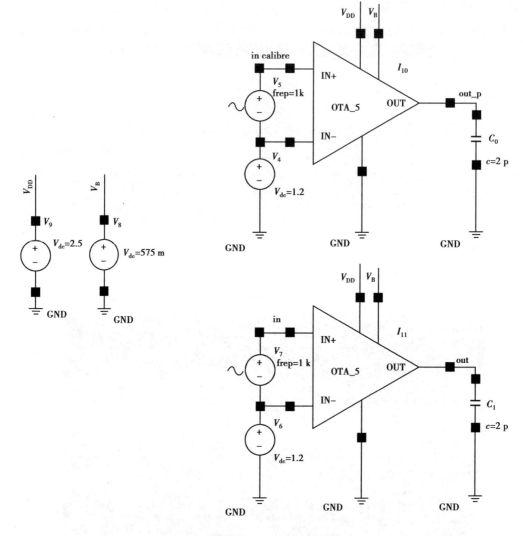

▲图2.88   交流仿真原理图

ac 交流仿真结果如图2.89所示。图中上面的曲线代表不考虑寄生参数情况下的交流仿真曲线,下面的曲线代表考虑寄生参数情况下的交流仿真曲线。观察图2.89可知,不考虑寄生参数时的3 dB 带宽为716 kHz,考虑寄生参数时的3 dB 带宽为709 kHz,带宽变小,因此,考虑寄生参数后导致有源差动对带宽性能变差。

设置正弦激励信号源参数,进行瞬态仿真,结果如图2.90所示。由图可知,相同时间时,考虑寄生参数的后仿真输出电压高于不考虑寄生参数的情况。考虑寄生参数后增益结果变差。

五、实验思考题

版图设计中如何优化元件布局?

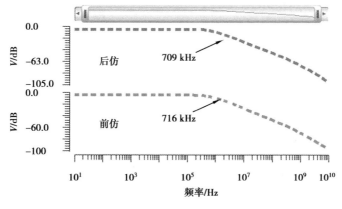

▲图 2.89 交流仿真增益

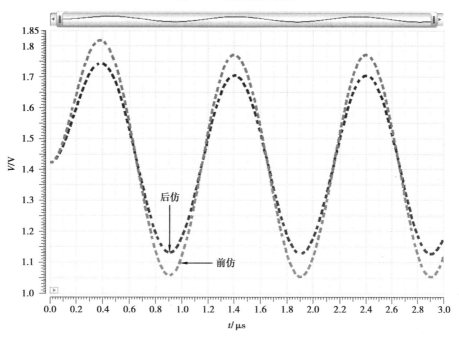

▲图 2.90 瞬态仿真结果

3

综合性实验

本章主要介绍较复杂的模拟集成电路设计,通过实验项目的开展进一步熟悉 Cadence Virtuoso 软件,掌握常见模拟集成电路分析与设计。

实验 1　两级运算放大器电路设计与仿真

一、实验目的

(1) 熟悉 Cadence 软件的使用;

(2) 学习并熟悉运算放大器结构,完成运算放大器的电路设计与仿真;

(3) 掌握模拟集成电路系统的设计。

二、实验仪器、材料

服务器、PC 终端、Linux 系统、Cadence Virtuoso IC617 软件系统。

三、实验原理

设计的两级运算放大器电路拓扑结构,如图 3.1 所示。

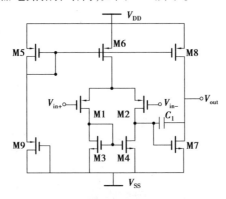

▲图 3.1　两级运算放大器电路拓扑结构

电路由两级放大组成,电源电压 $V_{DD} = 3.3$ V、$V_{SS} = -3.3$ V,共有 10 个 MOS 管(包括 C_1)。其中,M1,M2 为对称的 P 管,其栅极作为信号输入端;M3,M_4 为对称的 N 管,用作电流镜负载;M7,M8 漏极作为输出端;M5,M6 构成电流镜负载;M9 提供偏置。

选择 tsmc18rf 工艺库中的 NMOS 2V 和 PMOS 2V 器件,其耐压可达 3.3 V 左右。M3,M4 管的 W/L 一般设计成 M1,M2 管 W/L 的两倍。M5,M6 管的 W/L 一般取与 M1,M2 管相同的 W/L。M9 管的 W/L 影响增益,M7 和 M8 管的 W/L 影响带宽和相位裕度。C_1 补偿电容也影响带宽和相位裕度,设计时选用 tsmc18rf 库中的 PMOS 3V 器件代替。将 PMOS 管用作补偿电容的接法比较简单,如图 3.2 所示,栅极作为电容一端,将源、漏和衬底接在一起作为电容另一端。

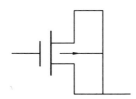

▲图 3.2   PMOS 管用作补偿电容的接法

根据模拟集成电路设计的知识,合理选择晶体管的 W/L 参数,实现运放静态工作点合理,运放增益在 60 dB 以上,工作带宽在 10 kHz 左右,1 dB 增益带宽在 8 MHz 左右。

在图 3.1 中,运算放大器的 MOS 管阈值电压参数为 $V_{Tn} = 0.87$ V,$V_{Tp} = -0.77$ V。整个运放的开环放大倍数由第一级放大倍数 Ad_1 和第二级 Ad_2 相乘得到。第一级放大增益 Ad_1 为:

$$Ad_1 = \sqrt{2k_{p1}I_Q} \left(r_{o2} \middle| \middle| r_{o4} \right)_p \qquad (3.1)$$

其中,r_{o2},r_{o4} 是 M2 和 M4 晶体管的输出电阻,其计算式为:

$$r_{o2} = r_{o4} = \frac{1}{I_D} \qquad (3.2)$$

其中,I_Q 是流出 M6 管的电流,因对称关系 $I_D = I_Q/2$,λ 取 0.02 V^{-1}。

第二级放大增益 Ad_2 为:

$$Ad_2 = 2\sqrt{k_{n7}I_{D7}} \left(r_{o7} \middle| \middle| r_{o8} \right)_n \qquad (3.3)$$

其中,r_{o7},r_{o8} 是 M7 和 M8 晶体管的输出电阻,其计算式为:

$$r_{o7} = r_{o8} = \frac{1}{I_{D7}} \qquad (3.4)$$

总的开环放大倍数 A_o

$$A_o = A_{d1}A_{d2} \qquad (3.5)$$

开环增益 G_o

$$G_o = 20 \times \log(A_o) \qquad (3.6)$$

汇总参考设计数据,见表 3.1。

表3.1   两级运算放大器参数

元 件	M1,M2	M3,M4	M5,M6	M7,M8	M9	C_1
沟道长	600 nm	600 nm	600 nm	600 nm	20 μm	15 μm
沟道宽	4 μm	3 μm	4 μm	12 μm	500 nm	15 μm
栅极分段	3	2	3	4	1	1
MOS 管总宽	12 μm	6 μm	12 μm	48 μm	500 nm	15 μm
并联数	1	1	1	1	1	1

四、实验内容及步骤

1. 电路设计

绘制电路原理图,如图3.3所示。考虑部分 MOS 管的宽长比较大,将宽长比设置成不同的 Finger,具体参数见表3.1。

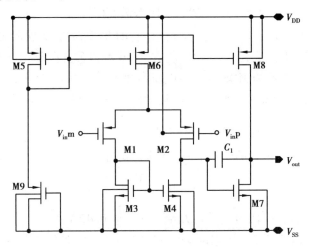

▲图3.3   两级运放电路图设计

其中,将 PMOS 管用作补偿电容 C_1。为了便于观察,将 C_1 设置成 Symbol 的形式,如图3.4所示。

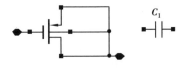

▲图3.4   设置补偿电容 C_1

将电路图保存为 Symbol,以便于后续电路调用,如图3.5所示。

2. 电路仿真

(1)瞬态仿真

调用运放的 Symbol,搭建瞬态仿真电路,如图3.6所示。

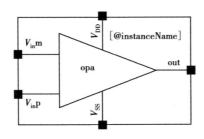

▲图 3.5 创建为 Symbol

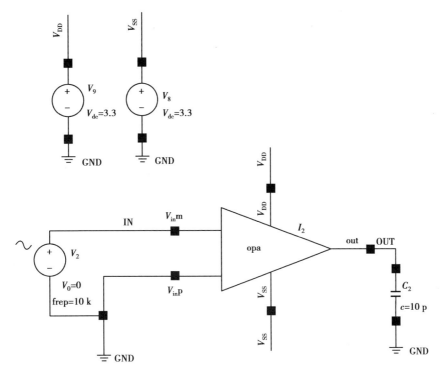

▲图 3.6 瞬态仿真电路

瞬态仿真结果，如图 3.7 所示。上面的曲线为输入信号，幅值 $V_{pp}=1$ mV，下面的曲线为放大后的输出信号，幅值 $V_{pp}=6$ V。从输入、输出信号的幅值可以看出，电路实现了约 60 dB 的信号放大。

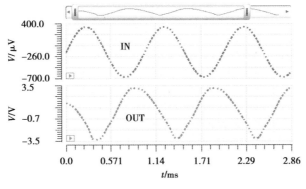

▲图 3.7 瞬态仿真结果

（2）AC 仿真

进行 AC 仿真，结果如图 3.8 所示。上面曲线为输出信号的相位图，下面曲线为输出信号的幅值，由图可知，相位裕度为 60°，工作带宽在 10 kHz 左右，其结果满足设计指标要求。

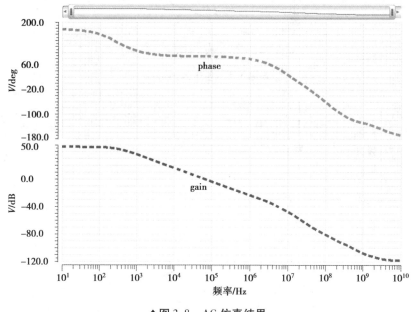

▲图 3.8　AC 仿真结果

五、实验思考题

有什么方法可以提高运放的相位裕度?

实验 2　两级运算放大器版图设计

一、实验目的

通过创建一个特定工艺制造的运算放大器的版图及完成后的仿真，熟悉对 Cadence 版图编辑器的使用。

二、实验仪器、材料

服务器、PC 终端、Linux 系统、Cadence Virtuoso IC617 软件系统。

三、实验原理

同"实验 1　两级运算放大器电路设计与仿真"。

四、实验内容及步骤

1. 版图设计

在版图设计中,除设置 MOS 管的 Finger 值以优化版图设计外,还需进一步考虑版图对称和布局优化,规则如下:

①将 PMOS 和 NMOS 分别放在上下两列,同时 Fingers 相同且引脚间有连线的元件直接连在一起。

②将相同的 net 用 VIA 连接,用 R 补充空白时要防止版图有空隙没补上。

③连接 V_{CC} 和 V_{DD},根据软件的提示将元件之间用金属线连接起来,可用不同层的金属来防止冲突。

绘制好的版图参考,如图 3.9 所示。

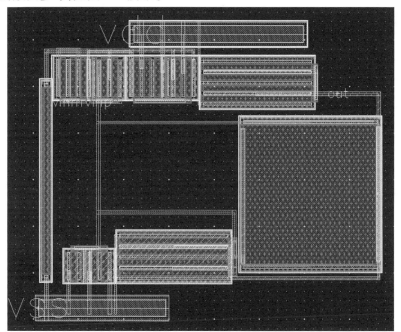

▲图 3.9　两级运放参考版图

2. 后仿真

版图经过 DRC,LVS 无误后,进行 PEX 参数提取。更新测试原理图,搭仿真测试电路,如图 3.10 所示。两个运放 symbol 分别设置为电路参数和版图提取参数,同时对比前后仿真。

交流特性仿真结果如图 3.11 所示,上两组曲线为前仿信号相位增益,下两组曲线为后仿信号相位增益,可以看出前、后仿真在增益和相位上没有明显区别,表明电路的寄生参数对运放影响不大。

五、实验思考题

版图中的 V_{DD} 和 V_{SS} 衬底电位需怎样连接,才能保证电路安全可靠?

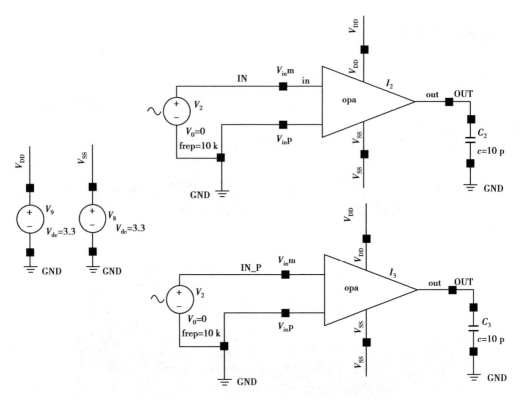

▲图 3.10 电路前、后仿真对比电路图

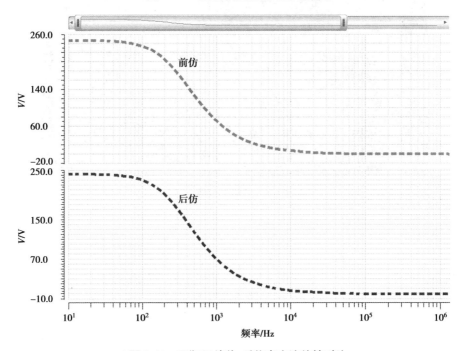

▲图 3.11 两级运放前、后仿真交流特性对比

实验 3　CMOS 模拟乘法器设计与仿真

一、实验目的

（1）熟悉 Cadence Virtuoso 软件的使用；

（2）学习并设计有源衰减器、Gilbert 单元、偏置电路等模拟集成电路单元，在 Cdence Virtuoso 中完成 CMOS 模拟乘法器的设计。

二、使用仪器、材料

计算机、Cadence Virtuoso IC617 软件系统。

三、实验原理

1. 基本原理

CMOS 模拟乘法器是模拟信号处理系统的重要组成部分，在自动增益控制、锁相环、调制、解调、相位检查、频率变换、信号平方开方、神经网络和模糊积分系统等方面有着广泛应用。

能适应两个输入电压 4 种极性组合的乘法器，称为四象限乘法器，如图 3.12 所示。若只对一个输入电压能适应正、负极性，而对另一个输入电压只能适应一种极性，则称为二象限乘法器。若对两个输入电压都只能适应一种极性，则称为单象限乘法器。

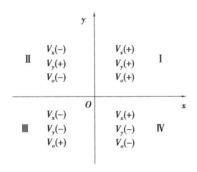

▲图 3.12　四象限乘法器

2. 电路结构

本实验采用有源衰减器来提高 CMOS 模拟乘法器的信号处理能力，对输入信号进行衰减并使用源跟随器对信号的电位进行平移，通过对信号的预处理来提高乘法器的性能。电路主要由 CMOS Gilbert 乘法单元、有源衰减器和偏置电路 3 部分组成。有源衰减器对输入信号进行衰减及电位平移，CMOS Gilbert 乘法单元对预处理后的信号进行乘法运算，偏置电路为电流源提供偏置电压。

（1）CMOS Gilbert 乘法单元

CMOS Gilbert 乘法单元的电路如图 3.13 所示，其中，M7，M11 和 M12 为 NMOS 电流源，V_b 为电流源 M7 的偏置电压，M1～M6 构成 MOS 型 Gilbert 六管乘法单元，V_{x_1}，V_{x_2}，V_{y_1} 和 V_{y_2} 为输入信号端，V_{o_1} 和 V_{o_2} 为输出信号端。

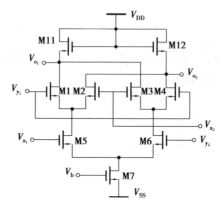

▲图 3.13　CMOS Gilbert 单元电路

输出电流 I_{out}，有

$$I_{out} \approx \frac{\sqrt{2}}{2} \mu_n C_{ox} (V_{x_1} - V_{x_2})(V_{y_1} - V_{y_2}) \tag{3.7}$$

输入电压范围由式（3.8）确定，即

$$-\sqrt{\frac{2I_{SS}}{\mu_n C_{ox}}} \leqslant \Delta V_x \leqslant \sqrt{\frac{2I_{SS}}{\mu_n C_{ox}}} \tag{3.8}$$

由式（3.7）和式（3.8）可以看出，在 ΔV_x 很小的情况下，CMOS Gilbert 乘法单元实现了乘法运算。为满足这一近似条件，需要在 CMOS Gilbert 乘法单元的两个输入端 X 和 Y 处各加入一对有源衰减器。

（2）有源衰减器

有源衰减器的电路拓扑结构如图 3.14 所示，电路为对称结构，分别处理两个输入端的 X 信号。

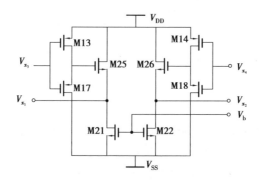

▲图 3.14　有源衰减器的电路结构图

适当调节 M13 和 M17 的沟道宽度和沟道长度即可获得合适的衰减系数，衰减后的信号

V_{x_1} 由式(3.9)计算。

$$V_{x_1} = \left(1 - \sqrt{\frac{W_{13}L_{17}}{W_{13}L_{17} + W_{17}L_{13}}}\right)(V_{x_3} - V_{\text{th}}) \qquad (3.9)$$

（3）偏置电路

偏置电路的拓扑结构如图 3.15 所示，由 3 个二极管连接的 NMOS 串联组成，其中，V_b 为输出电压端。通过调节 M8 ~ M10 的宽长比来确定偏置电压。

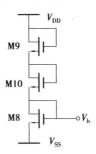

▲图 3.15　偏置电路的拓扑结构图

（4）整体电路图

整体电路如图 3.16 所示，其中从左到右依次为偏置电路、X 信号有源衰减器、CMOS Gilbert 乘法单元和 Y 信号有源衰减器。

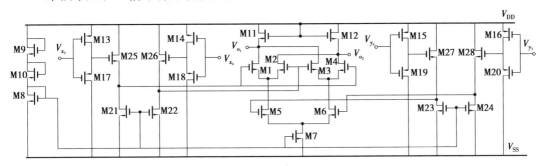

▲图 3.16　整体电路图

其中，各 MOS 管的设计宽长比的参考值见表 3.2。

表 3.2　各 MOS 管的设计宽长比

MOS 管	W/L	MOS 管	W/L
M1 ~ M6	100/1	M17, M18	8/5
M7 ~ M10, M21 ~ M24	10/2.25	M19, M20	8.3/5
M11, M12	25/1	M25, M26	26/10
M13 ~ M16	10/2	M27, M28	13.5/10

四、实验内容及步骤

1. 电路设计

根据实验原理,在 Cadence Virtuoso Schematic 中绘制 CMOS 模拟乘法器电路原理图,如图 3.17 所示,各器件参数见表 3.2。

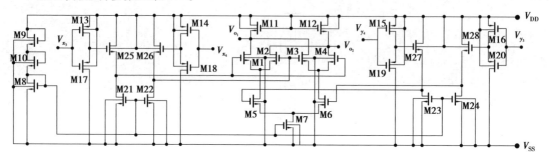

▲图 3.17   CMOS 乘法器电路原理图

2. 电路仿真

创建乘法器 symbol。添加乘法器 symbol、电源、地、Pin 等,连线搭建仿真测试电路,如图 3.18 所示。

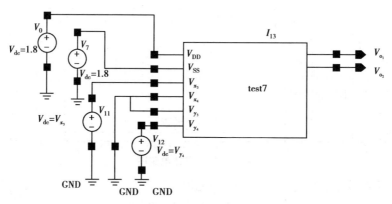

▲图 3.18   直流仿真电路

(1)直流传输特性

$V_{x_4}=0$ V、$V_{y_3}=0$ V 时,使 V_{x_3} 分别从+0.6 V 到-0.6 V,以步长 0.2 V 进行直流传输特性扫描分析,得到的结果如图 3.19 所示。

(2)交流特性

搭建如图 3.20 所示的交流传输特性仿真电路,并仿真。

当 $V_{x_4}=-0.6$,$V_{y_3}=-0.6$,$V_{y_4}=0.6$ V 时,在 V_{x_3} 输入直流偏压为 0.6 V、幅值为 0.2 V 的交流信号,频率从 0.5 GHz 到 100 kHz 以每 10 Hz 为单位衰减,得到 X 端交流传输特性如图 3.21 所示。由图可知,乘法器-3 dB 带宽为 325 MHz。

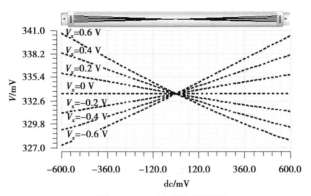

▲图 3.19 直流传输特性图

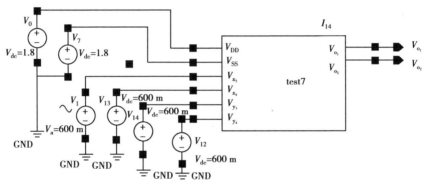

▲图 3.20 交流仿真电路图

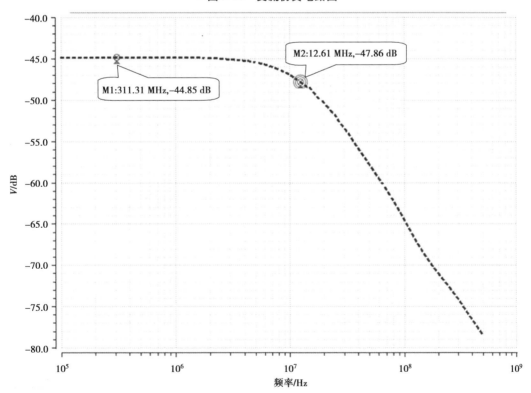

▲图 3.21 交流传输特性图

（3）瞬态仿真

1）倍频特性

搭建倍频特性仿真电路，如图 3.22 所示。V_{x_3} 端输入频率为 500 kHz 的正弦信号，在 V_{x_4} 输入与 V_{x_3} 频率幅度相同相位、相反的正弦信号，令 $V_x = V_{x_3} - V_{x_4}$。同理，在 V_{y_3} 端输入频率为 500 kHz 的正弦信号，在 V_{y_4} 端输入与 V_{y_3} 端频率幅度相同、相位相反的正弦信号。

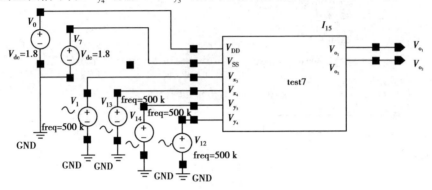

▲图 3.22   倍频特性仿真电路图

令 $V_y = V_{y_3} - V_{y_4}$，可得到输出的仿真结果，如图 3.23 所示。由图可知，输出信号的频率是输入信号的两倍，即模拟乘法器实现了输入信号的倍频。

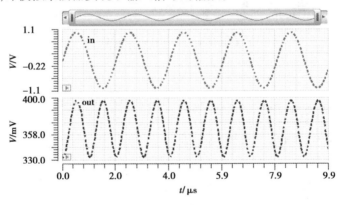

▲图 3.23   倍频特性图

2）双边带调幅特性

V_x 端输入频率为 20 kHz、幅值为 0.2 V 的正弦信号，在 V_y 端输入频率为 500 kHz、幅值为 0.2 V 的正弦信号，如图 3.24 所示。

该模拟乘法器的双边带调幅仿真结果如图 3.25 所示。

五、实验思考题

乘法器交流传输特性仿真结果中，dB 值为负，分析可能的原因是什么？

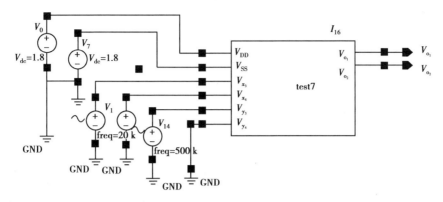

▲图3.24   双边带调幅特性的仿真图

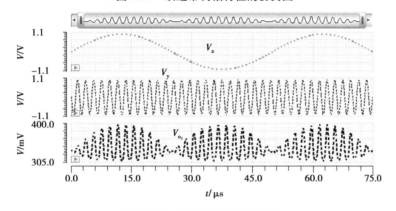

▲图3.25   双边带调幅仿真结果

实验4   高速比较器电路设计与仿真

一、实验目的

（1）熟悉 Cadence 软件的使用；

（2）学习并熟悉比较器电路结构,完成高速比较器电路的设计及仿真；

（3）掌握系统模拟电路的设计。

二、实验仪器、材料

服务器、PC 终端、Linux 系统、Cadence Virtuoso IC617 软件系统。

三、实验原理

比较器可分为多种类型,其电路符号均可用如图3.26 所示的符号表示。该符号和运算放大器的符号如出一辙,因为两者的性能有很多相似之处,所以在符号实际运用时,需根据电路功能来判断所引用的是比较器还是放大器。

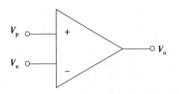

▲图3.26   比较器电路符号

比较器是一个可比较两个输入模拟信号,并根据两个输入信号产生一个二进制输出的电路。当正负输入 V_p,V_n 信号的差值为正时,比较器将输出一个高电平 V_{oH};当差值为负时,比较器将输出一个低电平 V_{oL}。因此,比较器理想的状态是输出电平在高与低之间无过渡转换。即在输入变化 ΔV 时,输出状态发生改变,而 ΔV 是无限趋于零。也就意味着其增益为无限大,如图3.27所示。

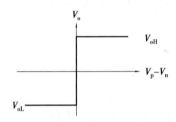

▲图3.27   理想比较器传输曲线

当然,实际比较器电路是不可能达到这种状态的,因为实际电路转换存在着不可避免的过渡时间。实际比较器电路的传输曲线如图3.28所示。

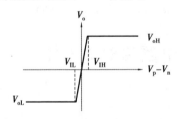

▲图3.28   实际比较器电路的传输曲线

增益 A_v

$$A_v = \lim_{\Delta V \to 0} \frac{V_{oH} - V_{oL}}{V_{IH} - V_{IL}} \tag{3.10}$$

其中,V_{IH},V_{IL} 是输出分别达到上限(高电平)和下限(低电平)所需的输入电压差值 $V_p - V_n$。

在多种比较器中,锁存比较器具有工作模式简单、增益高、工作速度快,在高速高分辨率中运用较广。此次实验设计的比较器采用动态锁存比较器结构电路图,如图3.29所示。

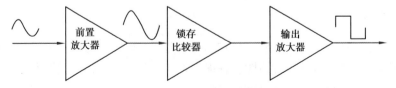

▲图3.29   比较器结构电路图

1. 前置放大器

前置放大器采用 MOS 管为负载的差分放大电路,其作用是将输入信号尽可能快地传导至锁存器的输入端,而在这期间,所有器件都工作在线性区域内,因此,可使得其带宽尽量达到一个很高的值。其中,MOS 管 M2 和 M3 组成的差分对与放大器的负载 M0 和 M1 组成差分放大器。其电路结构如图 3.30 所示。

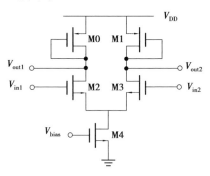

▲图 3.30　前置放大器电路结构图

2. 锁存比较器

锁存比较器电路结构如图 3.31 所示,信号经过四级前置差分放大电路输出后,输入 M1, M2 的栅极。MOS 管 M3,M4,M9 由时钟信号控制,MOS 管 M5,M6,M7,M8 在交叉耦合的情况下形成了正反馈结构。若此时给出为"1"的时钟信号,则开关 M3,M4,M9 为通路,而整个电路由于 M9 放电后处于平衡,此时整个电路是复位的状态。若此时给出为"0"的时钟信号,则开关 M3,M4,M9 不导通,而整个电路由于 M5,M6,M7,M8 在结构上交叉耦合,M10,M11, M12,M13 完成了反相器的功能,最后实现了对信号的再生比较。

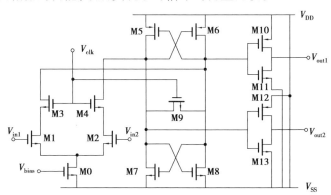

▲图 3.31　锁存比较器电路结构图

比较器在时钟信号的控制下,工作在特定的时间段内,其工作阶段分为两个段:一是接收输入信号;二是比较输入信号锁存后再输出。这种运行方式与触发器类似,使两个相互比较的信号可通过电路交叉耦合的方式,并采用正反馈连接来实现。此类比较器具有其传输延时短、速度快、效率高等优点,但回踢噪声大、失调电压大。

3. 输出放大器

输出放大器电路如图 3.32 所示,也是一种正反馈的二级锁存器,其目的是更好地实现对信号的放大和比较。输出放大器的原理其实与 RS 电平触发器一样,实现了整个电路在处于复位时,锁存器与前一时刻的输出一致,并输出逻辑信号。在输入端口分别输入一个高低电平信号的情况下,输出端同样能够分别给出一个高低电平信号。在输入端都输入相同的低电平信号的情况下,此刻输出端口处于保持状态,符合电平触发器的特性。

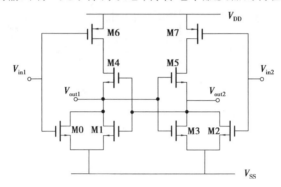

▲图 3.32　输出放大器电路图

四、实验内容及步骤

1. 电路设计

(1)前置放大器

前置放大器电路如图 3.33 所示。

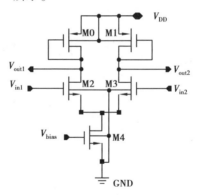

▲图 3.33　前置放大器电路图

前置放大器 MOS 管参数见表 3.3。

表 3.3　前置放大器 MOS 管参数

MOS 管	M0	M1	M2	M3	M4
$W/\mu m$	2	2	7	7	4
$L/\mu m$	0.18	0.18	0.18	0.18	0.18

（2）锁存比较器

锁存比较器电路如图 3.34 所示。

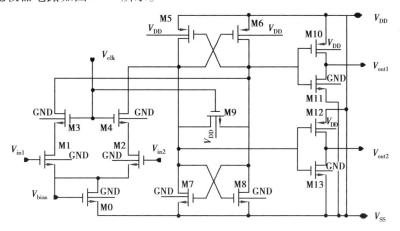

▲图 3.34　锁存比较器电路图

锁存比较器 MOS 管参数见表 3.4。

表 3.4　锁存比较器 MOS 管参数

MOS 管	M0	M1,M2	M3 ~ M8	M9	M10,M12	M12,M13
$W/\mu m$	4	3	10	7	6	4
$L/\mu m$	0.18	0.18	0.18	0.18	0.18	0.18

（3）输出放大器

输出放大器电路如图 3.35 所示。

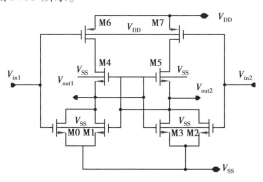

▲图 3.35　输出放大器电路图

输出放大器 MOS 管参数见表 3.5。

表 3.5　输出放大器 MOS 管参数

MOS 管	M0 ~ M3	M4,M5	M6,M7
$W/\mu m$	3	5	7
$L/\mu m$	0.18	0.18	0.18

（4）整体电路图

按照实验原理，搭建比较器的整体电路，如图 3.36 所示。

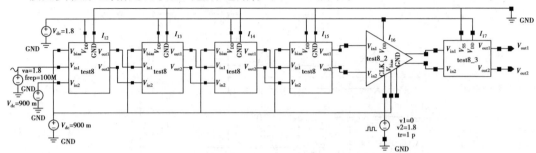

▲图 3.36　比较器整体电路图

2. 电路仿真

（1）前置放大器仿真

调用 4 个前置放大器，级联形成四级前置差分放大器测试电路，如图 3.37 所示。

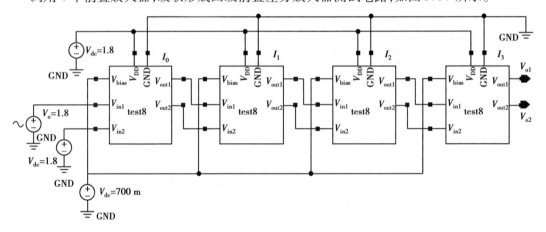

▲图 3.37　四级前置差分放大器测试电路图

前置放大器仿真结果如图 3.38 所示。由图可得出增益约 6.7 dB，带宽约 800 MHz。

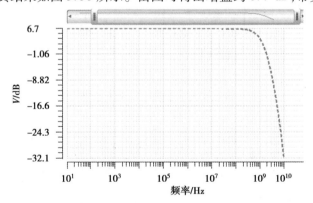

▲图 3.38　前置放大器仿真结果

（2）锁存比较器仿真

创建锁存比较器 symbol，搭建锁存比较器电路仿真电路，如图 3.39 所示。

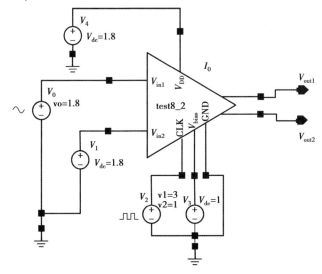

▲图 3.39 锁存比较器电路仿真电路图

锁存比较器仿真结果如图 3.40 所示，由图可得出增益 12 dB、带宽 0.6 GHz。

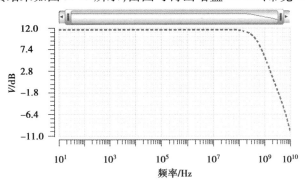

▲图 3.40 锁存比较器仿真结果

（3）比较器整体仿真

比较器整体仿真结果如图 3.41 所示。该图表明了在时钟信号为 500 MHz 条件下，输入信号 V_{in1} 为 100 MHz、1.8 V 正弦信号，输入信号 V_{in2} 为 900 mV 参考信号。当 V_{in1} 大于 V_{in2} 时，V_{out1} 为高电平，V_{out2} 为低电平。而当 V_{in1} 小于 V_{in2} 时，V_{out1} 为低电平，V_{out2} 为高电平。

五、实验思考题

有哪些手段可以提高比较器的工作速度？

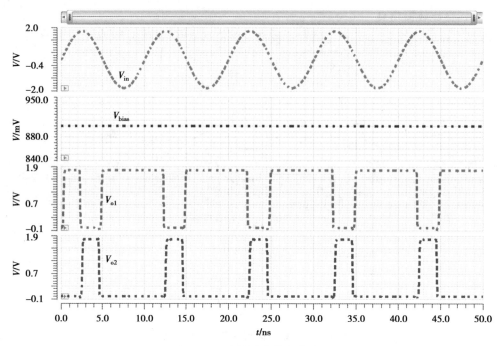

▲图 3.41   比较器整体仿真结果

实验 5   CMOS 压控振荡器电路设计与仿真

一、实验目的

熟悉 Cadence 软件的使用,学习并熟悉锁相环结构,完成锁相环中单元电路压控振荡器(Voltage Controlled Oscillator,VCO)的设计,掌握系统模拟集成电路设计。

二、实验仪器、材料

服务器、PC 终端、Linux 系统、Cadence Virtuoso IC617 软件系统。

三、实验原理

1. VCO 的基本概念

电压控制振荡器简称为压控振荡器,通常用 VCO 表示。压控振荡器是最常见的可控振荡器,其作用是能将电平变换为相应频率的脉冲变换电路。

根据控制电压的不同、输入方式的不同,压控振荡器可以实现不同的功能。例如,控制电压为直流电压,电路就是一个信号源,其频率调节十分方便;如果控制电压为正弦电压,则电路可称为调频振荡器;用锯齿电压作为控制电压,电路将成为扫频振荡器。

振荡器的输出频率 f_0 与输入的控制电压 v_c 成正比。外部信号对其控制的方程为

$$\omega_0 - \omega_r = K_{VCO} v_c(t) \tag{3.11}$$

式中,K_{VCO} 是控制曲线在 $v_c = 0$ 处的斜率,也就是电路的增益。$\omega_2 - \omega_1$ 表示这个振荡器频率调节范围的大小。

由式(3.11)可以看出,K_{VCO} 的大小与控制电压对输出频率能力的大小成正比。

VCO 在锁相环中一般作为频率源使用,同时更是许多电子系统如锁相环(Phase Locked Loop,PLL)的重要组成成分,下面简要说明描述压控振荡器性能的重要参数。

(1)中心频率

当控制电压等于电源电压的 1/2 时,VCO 所处的振荡频率称为中心频率。一般来说,VCO 工作时的频率可能与输入时钟信号的频率相等,也可能是它的倍数。

(2)调节范围

VCO 控制特性曲线中只有一段是线性的,在这段范围内外部信号对其调节能力比较强,而在其余地方则较弱。在外部信号对其进行调节时,VCO 的输出频率变化会有一个范围,这个范围即为调节范围。

(3)增益

增益是上面所提的 K_{VCO},也可以称为灵敏度。一般而言,我们希望 VCO 的增益越大越好,但是增益变大了也会带来各种负面影响,如噪声变大,导致其输出的结果达不到理想要求。增益与调节范围的关系

$$K_{VCO} \geqslant \frac{W_2 - W_1}{V_1 - V_2} \tag{3.12}$$

式中,$V_1 - V_2$ 是控制线上的电压范围,$W_2 - W_1$ 为调节范围。

(4)输出信号振幅

VCO 输出频谱的最大值称为输出信号的振幅。一般而言,我们希望输出信号的振幅比较大。为了实现这一要求,相位噪声的要求也会更高,需要不断优化,这同时也带来了负面影响,使 K_{VCO} 随之降低。因此,输出信号振幅的幅度会有一个调节范围,也会受其他因素如工作环境的影响。

(5)输出信号纯度

在 VCO 中的输入输出信号都会受到噪声的影响,同时 VCO 又作为锁相环的重要组成部分,如果信号进入 VCO 后,输出信号的噪声会严重影响 VCO 本来的信号,同时也会对锁相环的性能造成一定的影响。因此,在设计 VCO 时,会要求它对噪声有一定的抵抗能力,以及希望它本身的噪声比较小。

(6)相位噪声

VCO 在开始工作后,经过一段时间达到稳定状态,电路中原本存在的噪声在这时对电路的影响会变得比较明显,将此时的噪声称为相位噪声,单位是 dBc/Hz。

(7)功耗

VCO 研究中最重要的部分就是在保证 VCO 能正常工作之外,同时使器件的噪声与功耗都比较低。VCO 的功耗和许多参数都有比较密切的联系,如工作频率、输入的电压控制信号等。

2. 整体电路结构

压控振荡器中,电路采用五级差分延迟环形压控振荡器结构,如图 3.42 所示。从左至右

依次为偏置电路、五级差分延迟振荡延迟单元、差分放大电路和整形电路。

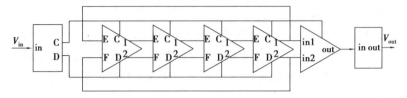

▲图3.42　差分放大器结构框图

偏置电路产生两个不同的控制信号,控制五级差分环形振荡器的两个公共控制端。最后,VCO 的输出信号经过一级差分放大电路的放大和整形电路的整形,变成所需的方波信号。

(1)偏置电路

在此次设计中,VCO 的振荡部分是由两个信号控制的。但是环路滤波器所输出的是一个单端信号,因此,需要设计一个电路来将单端控制信号转换为双端信号。设计偏置电路就是实现上述目的,同时又可在频率发生变化时,振幅能够保持为一个相对恒定的值。偏置电路如图 3.43 所示。

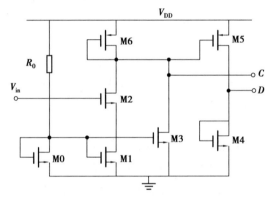

▲图3.43　偏置电路

M1 和 M3 的栅极电压取决于 R_0 的阻值和 M0 的尺寸,M3 和 M6 的漏极相连,M6 的漏极电流决定了此处的电压,同时流过 M1 和 M3 两极管的电流之和等于该漏极电流的大小,然而 V_{in} 和 C 点处的电压又决定了这两个 MOS 管的电流,通过联立 3 个方程式可以解出这些点的电压。

D 点处电压由 C 点处电压以及 M5 和 M4 管的尺寸决定。在本电路中,C 和 D 两点处的电压成反比变化,即 C 点电压增大将引起 M5 管的电流减小,那么 D 点电压就该减小以使得线性电阻变大,这样输出电压的摆幅才能基本保持恒定。振荡信号进入后续放大整形部分后才不会造成信号占空比的混乱。

(2)差分延迟振荡单元电路

采用五级相同的差分延迟振荡单元,其电路如图 3.44 所示。其中,NMOS 管 M1,M2 工作在线性区,作为线性电阻来控制电压。M0 和 M3 将栅、源、衬底短接,作为 MOS 电容使用。从而 M0 和 M3 构成的 MOS 电容与 M1,M2 构成的线性电阻组成了 RC 延迟单元。NMOS 管 M1 和 PMOS 管 M4 漏极相连后连接到 Out_1,M2 和 M5 漏极相连后连接到 Out_2。PMOS 管 M6 的作用是为压控振荡单元提供偏置电流,因此它需要工作在饱和区。PMOS 管 M4 和 M5 作为差分对输入,有放大的功能,当输入控制电压 V_{in} 变化时,C,D 偏置电压也将随之发生变化,延迟因子的大小也会得到改变,最终达到控制振荡频率的变化目的。

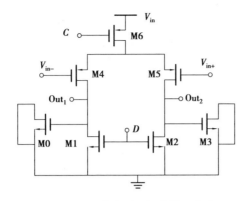

▲图3.44 差分延迟振荡单元电路

MOS 管在线性区的等效电阻值 R_{on} 为

$$R_{on} = \frac{1}{2K_N(V_D - V_{TN})} \tag{3.13}$$

所以,电路延时 τ 为

$$\tau = R_{on}C = \frac{C}{U_n C_{ox} \left(\dfrac{W}{L}\right)_{NM1,NM2} (V_D - V_{TH})} \tag{3.14}$$

式中　C——节点到地的总电容。

由于电路延时与 τ 成正比,故振荡频率 f_{osc} 为

$$f_{osc} \propto \frac{1}{T_D} \propto \frac{U_n C_{ox} \left(\dfrac{W}{L}\right)_{NM1,NM2} (V_D - V_{TH})}{C} \tag{3.15}$$

（3）差分放大器

前五级差分延迟振荡的输出信号的幅度较小,在五级振荡的输出之后再加入一个差分放大器,用于放大其信号幅度。由于这个差分放大器只需要对其信号幅度加以放大,其他参数（如带宽）并不需要太大的要求,因此在这里使用了最简单的差分运放电路。其电路如图3.45 所示,采用 PMOS 管输入有源负载差分放大器,M0 提供电流偏置。

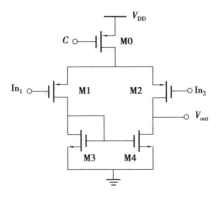

▲图3.45 差分放大器电路

（4）整形输出电路

因为要求压控振荡器输出的是一个类似于正弦波的方波,但是实际中压控振荡器的输出

并不理想,于是设计整形电路。首先是一个与门电路,一端接 V_{DD},一端接输入信号,使得不理想的正弦波可以转化为方波。这次的设计接近于 50% 的占空比,低电平电压接近 GND,而高电平电压接近 V_{DD},要满足摆动较小的要求,如图 3.46 所示。

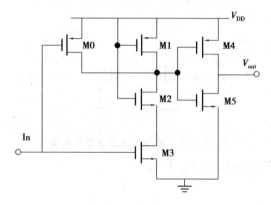

▲图 3.46　整形输出电路

四、实验内容及步骤

1. 电路设计

（1）偏置电路

偏置电路如图 3.47 所示。D 点电流和 M0 的漏极电流相等,C 点电流和 M4 的漏极电流相等。例如,假设 C 点的输入为正,则 M4 的漏电流也为正,而 M0 源电流为正、漏电流为负,因此,可以看出 C,D 两点处的电流电压成反比例变化。

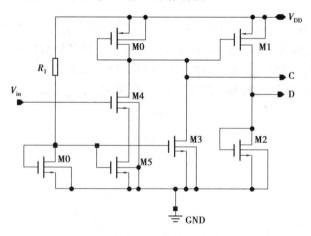

▲图 3.47　偏置电路图

其中,电路参数 $R_1 = 5~\text{k}\Omega$,偏置电路各元件参数见表 3.6。

表 3.6　偏置电路各元件参数

MOS 管	M0	M1	M2 ~ M6
$W/\mu\text{m}$	1.1	4.4	0.8
L/nm	550	550	800

生成偏置电路的 Symbol,如图 3.48 所示。

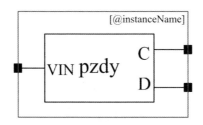

▲图 3.48 偏置电路的 Symbol

（2）差分延时振荡

差分延时振荡电路如图 3.49 所示,由 M3 和 M4,M5 和 M6 分别构成两个 RC 延时电路。

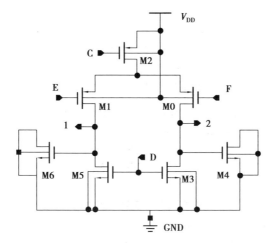

▲图 3.49 差分延时电路

差分延时电路的各 MOS 管参数见表 3.7。

表 3.7 差分延时电路的各 MOS 管参数

MOS 管	M0	M1	M2	M3	M4	M5	M6
$W/\mu m$	40	40	1.5	0.8	8	0.8	8
L/nm	550	550	1 100	800	8 000	800	8 000

生成如图 3.50 所示的差分振荡器延时单元的 Symbol。

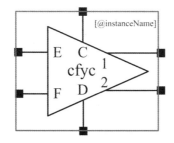

▲图 3.50 差分振荡器延迟单元的 Symbol

（3）差分放大电路

差分放大电路如图 3.51 所示。

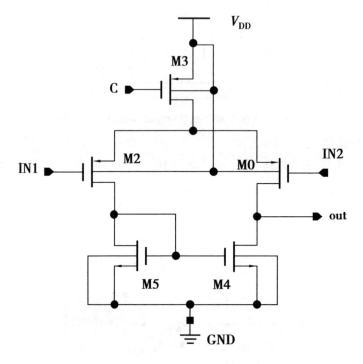

▲图 3.51　差分放大电路

差分放大电路各 MOS 管的参数见表 3.8。

表 3.8　差分放大电路各 MOS 管的参数

MOS 管	M0	M2	M3	M4	M5
$W/\mu m$	1.5	1.5	2.2	0.8	0.8
L/nm	550	550	550	500	500

生成如图 3.52 所示差分放大电路的 Symbol。

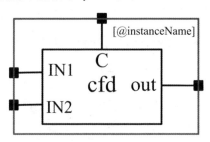

▲图 3.52　差分放大电路的 Symbol

（4）整形单元电路

整形单元电路如图 3.53 所示。

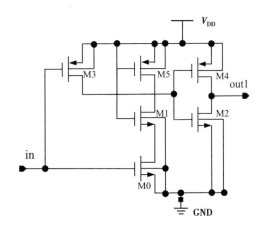

▲图 3.53　整形单元电路

整形单元电路各 MOS 管的参数,见表 3.9。

表 3.9　整形单元电路各 MOS 管的参数

MOS 管	M0	M1	M2	M3	M4	M5
$W/\mu m$	0.8	0.8	2.2	1.1	1.1	1.1
L/nm	800	800	2 200	550	550	550

生成如图 3.54 所示整形单元电路的 Symbol。

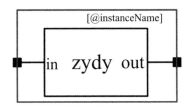

▲图 3.54　整形单元电路的 Symbol

(5)整体电路

压控振荡器整体电路如图 3.55 所示。

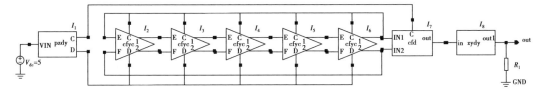

▲图 3.55　压控振荡器整体电路

2. 电路仿真

(1)偏置电路

偏置电路的仿真主要是看 C,D 两个控制信号的变化是否成反比例变化。因为此次使用的 MOS 管是 MOS 3 V,所以加给偏置电路的电压变化范围为 0 ~ 3.3 V。仿真结果如图 3.56

所示,C 端输出电压如图 3.56(a)所示,D 端输出电压如图 3.56(b)所示。

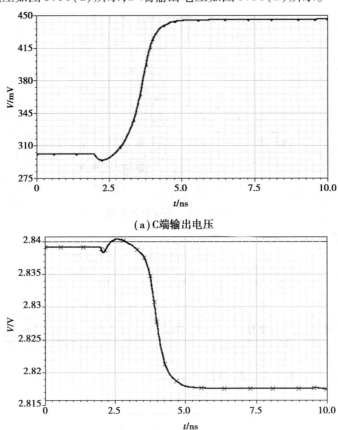

(a)C端输出电压

(b)D端输出电压

▲图 3.56　偏置电路的直流扫描

由图 3.56 可以看出,当输入控制电压逐渐增大时,C 端电压逐渐增大,而 D 端电压逐渐减小成反比例变化。

(2)环形差分振荡器的各级输出

在本设计中,采用的是五级差分振荡延迟单元。在上面已经分析过,PMOS 管 M1 和 M2 需要工作在饱和区,从而要求每级输出信号的幅度都在 1 V 以下。各级输出如图 3.57 所示,由图可知,每级的相移大约在 200°,起振时间大约为 20 ns,满足要求。

(3)差分放大及整形后输出

压控振荡器各级输出的对比,如图 3.58 所示。图 3.58(a)的波形是经差分放大器放大后的信号。图 3.58(b)是经过整形电路后的信号。由图可知,经过整形后的输出波形已经接近于预期波形。整形电路输出的电压信号为 0 ~ 3.3 V,占空比接近 50%,高电平和低电平均符合设计要求,因此这个压控振荡器的输出可以应用到数字电路中,如作为时钟信号。

(4)VCO 调谐曲线波形图

调谐曲线波形如图 3.59 所示,由图可以看出,所设计的压控振荡器在 0.9 ~ 2.3 V 的范围内具有良好的线性特性。

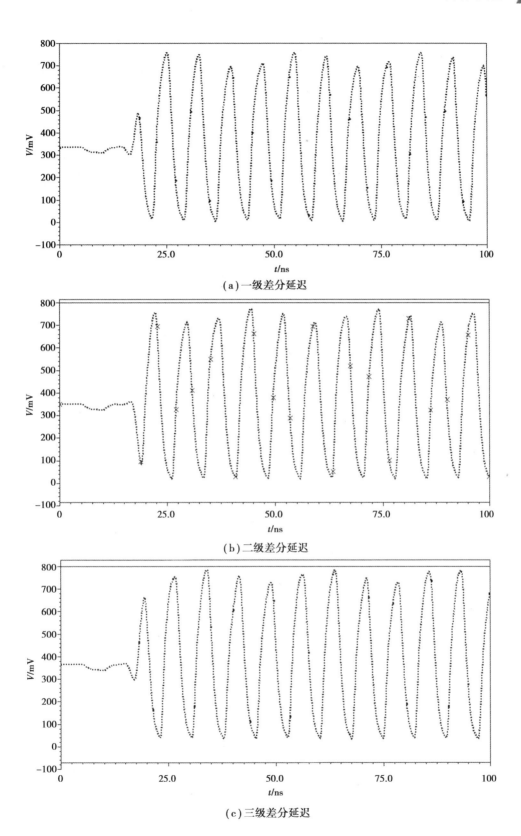

（a）一级差分延迟

（b）二级差分延迟

（c）三级差分延迟

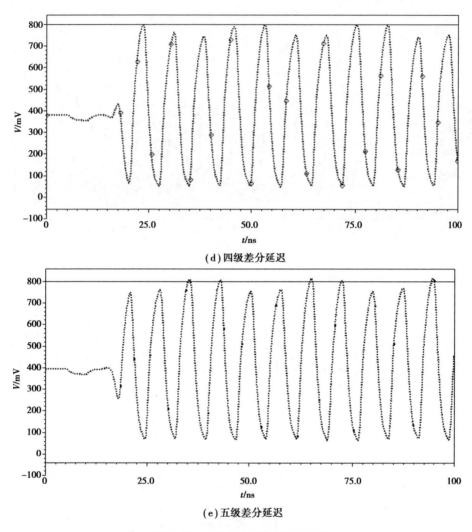

（d）四级差分延迟

（e）五级差分延迟

▲图3.57　五级差分延迟单元的输出

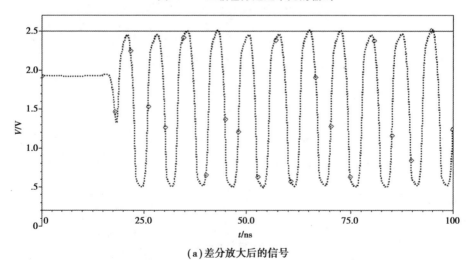

（a）差分放大后的信号

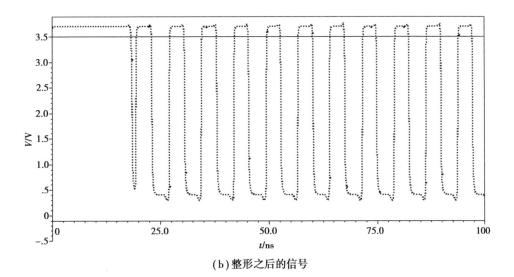

(b) 整形之后的信号

▲图3.58 放大整形部分的输出

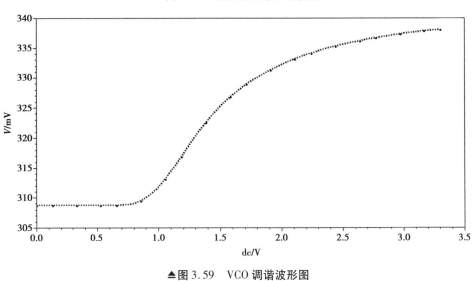

▲图3.59 VCO 调谐波形图

五、实验思考题

差分环形振荡器的级数有哪些要求?

实验 6 CMOS 压控振荡器版图设计

一、实验目的

熟悉 Cadence 版图编辑器的使用;完成压控振荡器 VCO 的版图设计及后仿。

二、实验仪器、材料

服务器、PC 终端、Linux 系统、Cadence Virtuoso IC617 软件系统。

三、实验原理

同"实验 5   CMOS 压控振荡器电路设计与仿真"。

四、实验内容及步骤

1. 版图设计

因为芯片有一定的面积,且芯片上的器件众多,不同地方的管子工作的条件会有差异。为减少一些输入或者输出相同或者相似信号的误差,使得最终其寄生效应、延迟时间常数、信号上升下降时间等参数相同,从而提高版图设计的性能,需要考虑版图设计基本匹配规则。

匹配主要是尽量使需要被匹配的器件的外部影响因素相同。匹配有多种方法,其中最为常见的是共心技术,也就是将器件围绕一个公共的中心放置。共心技术的匹配有各种各样的好处。例如,可以减少在集成电路中的发热问题,以及对工艺的线性梯度影响也能起减少作用。

本次设计中主要需要匹配的是差分对的输入,由于 MOS 管的宽度较大,因此拆分为 finger,值为 10 的宽度相等的管子串联,采用梳状连接方式。并注意走线的对称性问题,如图 3.60 所示。

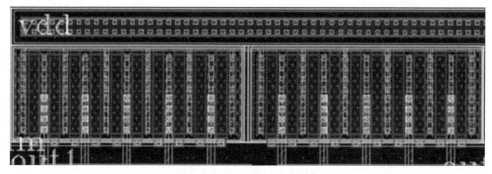

▲图 3.60   本次设计中的匹配

(1)偏置电路

在偏置电路中,原本在前仿时采用的是多晶电阻,但是在仿真需要的阻值的前提下,多晶电阻占的面积比该模块中其他所有的器件面积都大,不利于芯片面积的合理利用和走线。因此,在仿真结果不变的前提下,可替换成扩散电阻。版图如图 3.61 所示,主要器件是 PMOS、NMOS 和电阻,PMOS 上方为其衬底,NMOS 下方为其衬底,PMOS 的衬底接到电源上,NMOS 的衬底接到地上。偏置电路主要使用 M1 和少量的 M2 金属走线。

(2)差分延迟振荡

差分延迟振荡版图如图 3.62 所示。在差分延迟振荡的单元中,差分对的输入管子的宽度比较长,对其匹配的精度有影响,因此改成了多 finger 值的叉状连接的管子。下方两个 MOS 管起的作用是电容作用,在其空余地方,放上 N 型的衬底并接地,除了可以提供本来衬底的作用,还可在 DRC 时解决金属密度错误问题。

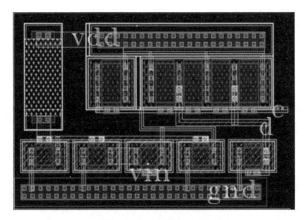

▲图 3.61　偏置电路版图

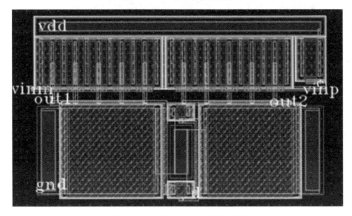

▲图 3.62　差分延迟振荡版图

（3）差分放大电路

差分放大电路版图如图 3.63 所示。差分放大电路中,在引出 in2 的输入管脚时,使用了比较短的多晶层走线,多晶层走线应尽量少用,因为其方块电阻较大,但是比较短的线是允许的。漏极之间的连线,可直接用整块金属连线,这样在制作时,寄生电阻会比较小,同时能通过的电流能比较大。

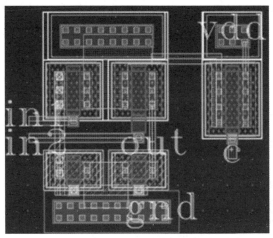

▲图 3.63　差分放大电路版图

（4）整形单元电路

整形单元电路版图如图3.64所示。该版图中也使用了少量的多晶层走线，因为上下两个管子的距离比较近，横着需要走M1，如果竖着使用M2连线，那么打孔显得比较麻烦。所以在这个版图中主要使用的是M1连线，不需要M2。

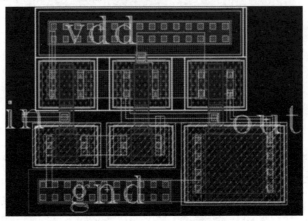

▲图3.64   整形单元电路版图

（5）总版图

此次版图设计的总版图如图3.65所示。其中各个单元的模块采用调用的方式，然后将相应的引脚连在一起。电源线的总线采用M3走了一条总线，然后采用分支的方式，逐渐走到内部，底线的总线是使用M1走线。为了方便走线，M1主要走的是横线，M2主要走的是竖线。在走线时，也需注意不要从管子的上方走线，避免寄生效应，另外，匹配过的差分对的走线尽量对称。

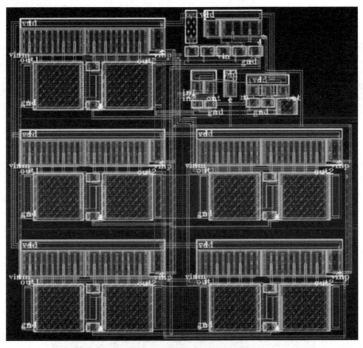

▲图3.65   VCO总版图

2. 后仿

完成五级差分振荡延迟单元的输出前、后仿对比,如图 3.66 所示。由图可以看出,此次版图设计的后仿与前仿相比稍有延迟,但是波形的相位延迟和振荡幅度与前仿的结果吻合得比较好。

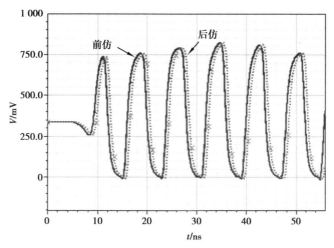

▲图 3.66　五级差分振荡延迟单元的输出前、后仿对比

接下来,还需要看总体的输出结果如何。整形部分最终输出的前、后仿对比,如图 3.67 所示。后仿的结果出现了一些毛刺,原因有可能是寄生参数的影响。但是因为这个毛刺出现在电平的最高点,如果应用于数字电路,对其输入不会有太大影响,但是毛刺的幅度使得最高电压大概有 3.4 ~ 3.5 V,如果超过电路所能承受的最大电压,则需再进行滤波处理。

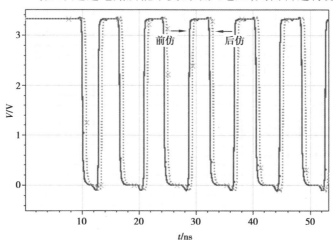

▲图 3.67　整形部分最终输出的前、后仿对比

五、实验思考题

如何消除输出波形的毛刺?

4

定制集成电路设计实验

本章以带隙基准电路为例,详细介绍 POR 电路版图设计、放大器电路版图设计。最后完成带隙基准电路的版图设计,生成符合代工厂流片的版图文件。

实验 1 POR 电路的版图设计

一、实验目的

使用 Cadence Virtuoso 软件,根据所给的上电复位(Power On Reset,POR)电路原理图,构建出 Schematic View 后,设计出 POR 电路版图。

二、实验原理

许多 IC 都包含 POR 电路,其作用是保证在施加电源后,模拟和数字模块初始化至已知状态。基本 POR 功能会产生一个复位脉冲以避免"竞争"现象,并使器件保持静态,直至电源电压达到一个能保证正常工作的阈值。

1. 电路原理图

POR 电路原理图,如图 4.1 所示。

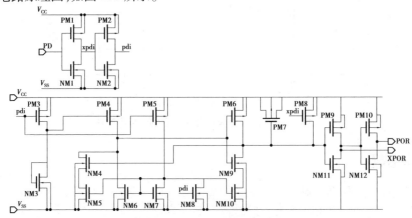

▲图 4.1 POR 电路原理图

电路中各 MOS 管结构参数,见表4.1。

表 4.1 器件结构参数

器件名称	$\dfrac{W}{L}/\mu m$	finger	m
PM1/PM2	7/0.35	1	1
NM1/NM2	4/0.35	1	1
PM3	2/160	1	1
NM3	1/68	1	1
NM4	6/0.65	1	1
NM5	2.5/15	1	1
PM4	10/50	1	1
PM5	1.5/80	1	1
NM6	5/15	1	1
NM7	5/15	1	4
NM8	1.2/0.35	1	1
PM6	7/0.65	1	1
NM9	4/0.65	1	1
NM10	5/15	1	1
PM7	15/20	1	1
PM8	1.2/0.35	1	1
PM9	7/0.65	1	1
PM10	14/0.65	1	1
NM11	4/0.65	1	1
NM12	8/0.65	1	1

2. 电路版图的基础知识

(1)了解集成电路中"层"的概念

Cadence Virtuoso Layout Editor 中的 Layout 和版图设计中的"层"概念就是在图中的第四步:对准和曝光所用的 Mask(掩膜版)。因为集成电路工艺是在硅片之上一层层制作的,所以在 Layout Editor 中,实际上是对各种层的 Mask 进行操作。光刻的 8 个基本步骤,如图 4.2 所示。在完成设计后提交的文件会制成 Mask,然后在光刻阶段,Mask 上的图形就会转移到硅片表面。

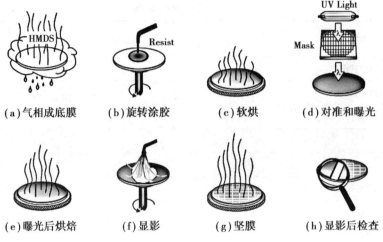

(a)气相成底膜　　(b)旋转涂胶　　(c)软烘　　(d)对准和曝光

(e)曝光后烘焙　　(f)显影　　(g)坚膜　　(h)显影后检查

▲图 4.2　光刻的基本步骤

（2）了解所用工艺

本节所使用的工艺是台积电公司的 tsmc 0.18 μm 工艺。本次实验用的器件为 PMOS3V 和 NMOS3V,版图结构分别如图 4.3 和图 4.4 所示。

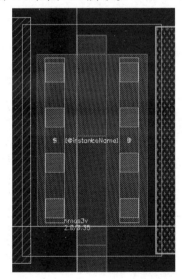

▲图 4.3　NMOS3V 版图

由 MOS 管的基础知识可知,MOS 器件是 4 端器件(G,D,S,B)。但是,图 4.3 和图 4.4 看到的版图只包含了 3 个端口,这是因为我们知道 B 是指衬底,所以 M1_SUB 和 M1_NWELL 的通孔可以当作 N/PMOS 的衬底。METAL1 到衬底(上)和 METAL1 到 NWELL(下)的版图,如图 4.5 所示。

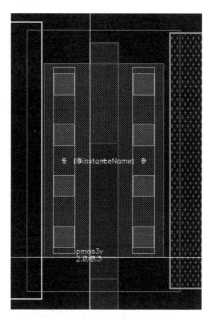

▲图 4.4 PMOS3V 版图

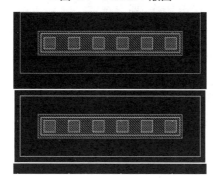

▲图 4.5 METAL1 到衬底(上)和 METAL1 到 NWELL(下)的版图

关于 M2_M1 和 M3_M2 的含义,与 M1_SUB 和 M1_NWELL 类似,如图 4.6 所示。

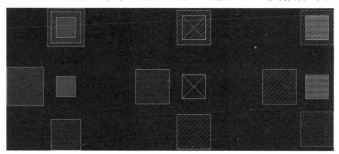

▲图 4.6 M1_SUB 和 M1_NWELL 的通孔

对版图设计,要遵循每一层的最小间距规则,常用层之间的最小间距见表 4.2。

表 4.2   常用层之间的最小间距

层	最小间距/μm
NWELL	1.40
OD2	0.45
POLY	0.25
METAL1	0.23
METAL2	0.28

(3)了解版图布局布线

在任何一个版图设计中,最初的任务是做一个版图布局。首先这个布局应尽可能地与功能框图或电路图一致,然后根据模块的面积大小进行调整。举例来说,一个多级放大器的底层电路,应排在一行上,这样输入、输出部分就位于模块两端,从而减小由于不可预见的反馈而引起的不稳定。

在正式用 Cadence 画版图前,一定要先构思,也就是要仔细想想,每个晶体管打算怎样安排,晶体管之间怎样连接,最后的电源线、地线怎样走。输入输出最好分别布置在芯片两端。MOS 管的尺寸规定下来后,画 MOS 管时应按照这些尺寸进行;但是当 MOS 管的栅宽过大时,为了减小栅电阻和栅电容对电路性能的影响,可以使用并联 MOS 结构或多栅指结构。

布线应当估计支路上的电流大小,并根据 PDK 文档上提供的金属电流密度确定线宽。在晶体管栅极上、电阻上、电容上,最好不要布线。

当然,在保证功能和性能较优的情况下,面积小的(在大多数情况下)布局才是最好的。

三、实验内容及步骤

1. 准备工作

将所给的 POR 电路图画在 Schematic View 中,MOS 管宽长比按表 4.1 给出的参数设置。

2. 前仿真

对已建立好的 POR 原理图做前仿真,初步了解此电路的功能与性能。另外,此步也可检查原理图是否出现错误,以防在版图设计阶段发现错误后更改困难。

对于上电复位电路,需要在 V_{CC} 上加一个阶跃电压。阶跃电压可以使用 V_{pulse} 模拟,如图 4.7 所示。在 ADE 中设置仿真类型为 trans,仿真时间为 10 μs。

仿真结果波形,如图 4.8 所示。

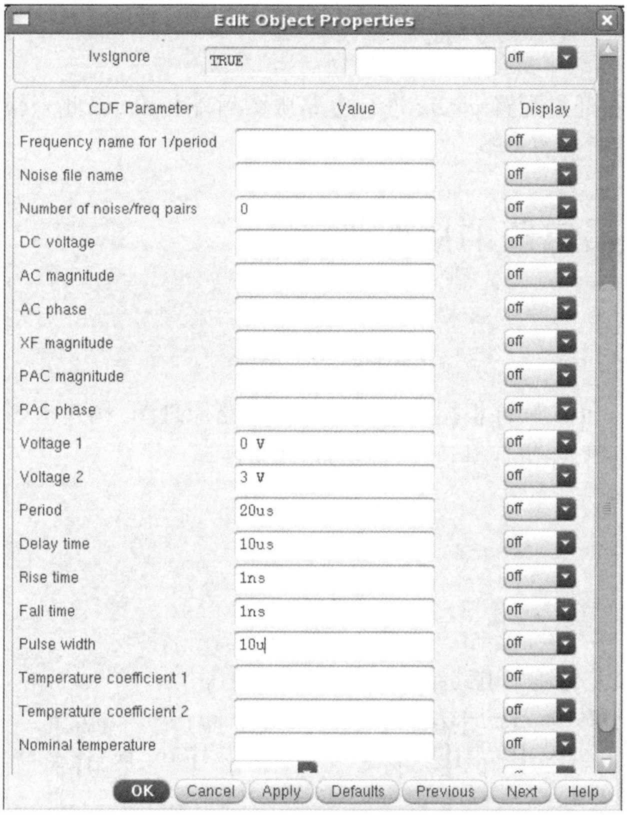

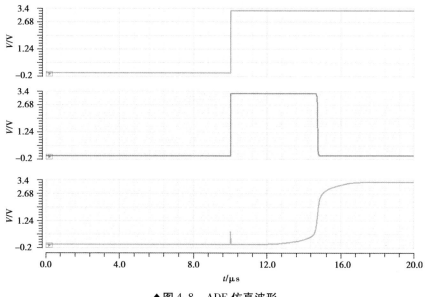

▲图4.7　ADE中设置仿真类型

▲图4.8　ADE仿真波形

3.电路版图设计

利用常用的版图设计知识对POR电路版图进行布局、布线和优化,此步也是本次实验的核心部分。

4.后仿真

版图设计完成后,通过配置 config 进行电路版图后端仿真,以此来检查版图设计结果是否存在失误和后端与前端的差距。

实验 2　放大器电路的版图设计 1

一、实验目的

使用 Cadence Virtuoso 软件根据所给的放大器电路原理图,构建出 Schematic View 后,设计出放大器电路的版图,并仿真得到放大器的频率特性。

二、实验原理

1.电路原理

放大器采用两级差分运放电路结构,如图 4.9 所示。

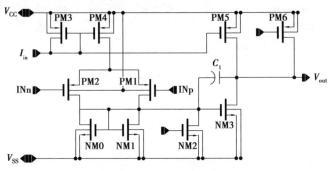

▲图 4.9　电路原理图

电路中各 MOS 管参数设置,见表 4.3。

表 4.3　MOS 管参数

名　称	W/L	fingers	m	器件名称
PM3	1 μs/350 ns	2	1	P_33
PM4	1 μs/350 ns	2	1	P_33
PM5	2 μs/350 ns	4	1	P_33
PM6	3 μs/350 ns	1	1	P_33
PM2	2 μs/350 ns	1	1	P_33
PM1	2 μs/350 ns	1	1	P_33
NM0	1 μs/500 ns	2	1	N_33
NM1	1 μs/500 ns	2	1	N_33

名　称	W/L	fingers	m	器件名称
NM2	3 μs/350 ns	3	1	N_33
NM3	2 μs/500 ns	2	1	N_33
C_1	11.4 μs/11.4 μs		1	PIPCAPS_MM

注:PIP 电容 C_1 的方向不能接反。

2.电路版图的基础知识（匹配规则1）

电路版图匹配分为以下 3 个层次。

①低度匹配:漏极电流失配为几个百分点。低度匹配通常用于实现对精度没有特殊要求的偏置电流网络。这种匹配所对应的典型失调值超过±10 mV,因此,通常无法满足电压匹配应用要求。

②中等匹配:典型失调电压为±5 mV 或者漏极电流失配小于±1% ,适用于制作非关键运算放大器和比较器的输入级,这些应用中未经修正的失效保持在±10 mV。

③精确匹配:典型失调电压低于±5 mV 或者漏极电流失配小于±0.1% 。这种精度的匹配通常需要经过修正,而且由于未对温度变化进行补偿,因此,所得电路将可能仅在有限的温度范围内满足规定要求。

MOS 器件匹配的全套规则包括以下 5 个方面。

①一致性:匹配器件的质心位置至少应近似一致。理想情况下,质心应完全重合。

②对称性:阵列应同时相对于 X 轴和 Y 轴对称。理想情况下,应该是阵列中个单元位置的相互对称,而不是单元自身具有的对称性。

③分散性:阵列应具有最大限度的分散性。换句话说,每个器件的各个组成部分应尽可能均匀地分布在阵列中。

④紧凑性:阵列排布应尽可能紧凑。理想情况下,应接近于正方形。

⑤方向性:每个匹配器件中应包含等量的朝向相反的段。更一般地说,就是匹配器件应具有相等的特征值。

三、实验内容及步骤

1.准备工作

将所给的放大器电路图画在 Schematic View 中,MOS 管宽长按表4.3 设置。

2.前仿真

当电路原理图完成后,建立 symbol,再建立 test 检测电路。仿真设置为 ac 扫描,扫描范围为 10 Hz ~ 10 GHz,检查电路原理图建立是否成功。在 ac 仿真前先通过 dc 仿真调节 offset。测试电路原理图,如图 4.10 所示。

仿真电路中 vsin(V2)的设置,如图 4.11 所示。

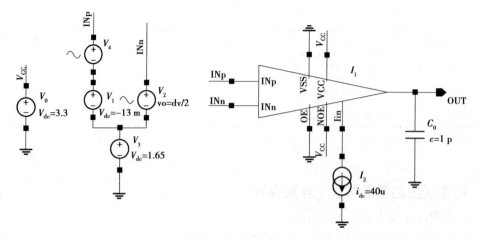

▲图 4.10   仿真电路图

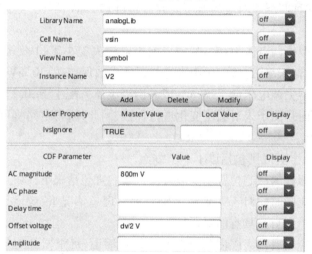

▲图 4.11   测试波形 V2 的设置

测试电路中 vsin(V4)的设置,如图 4.12 所示。

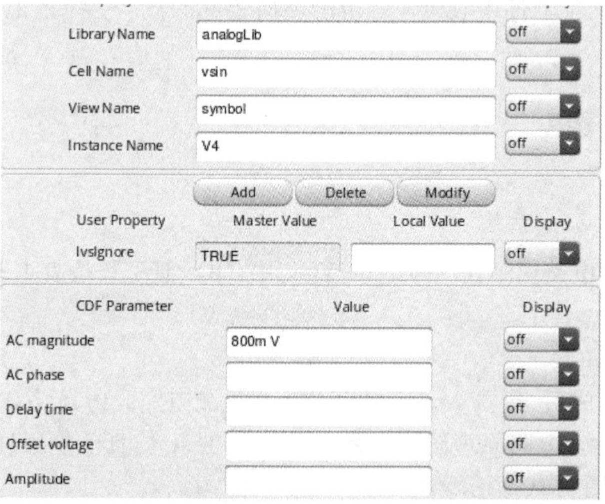

▲图 4.12   测试电路中 Vsin(V4)的设置

dc 仿真设置,如图 4.13 所示。

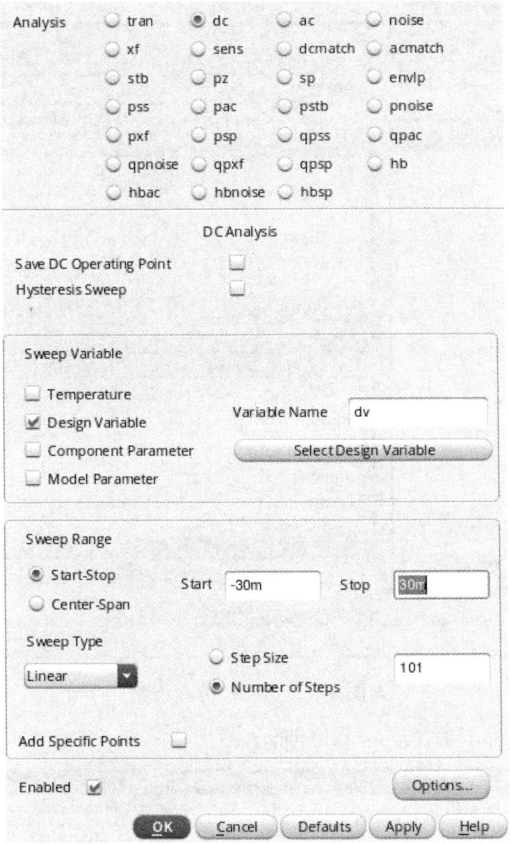

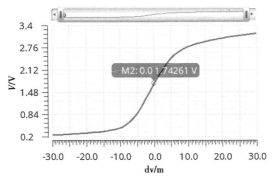

以下为图4.13的内容转录：

Analysis ○ tran ● dc ○ ac ○ noise
          ○ xf ○ sens ○ dcmatch ○ acmatch
          ○ stb ○ pz ○ sp ○ envlp
          ○ pss ○ pac ○ pstb ○ pnoise
          ○ pxf ○ psp ○ qpss ○ qpac
          ○ qpnoise ○ qpxf ○ qpsp ○ hb
          ○ hbac ○ hbnoise ○ hbsp

DC Analysis

Save DC Operating Point ☐
Hysteresis Sweep ☐

Sweep Variable

☐ Temperature
☑ Design Variable   Variable Name dv
☐ Component Parameter   [Select Design Variable]
☐ Model Parameter

Sweep Range

● Start-Stop   Start -30m   Stop 30m
○ Center-Span

Sweep Type
Linear   ○ Step Size
                    ● Number of Steps   101

Add Specific Points ☐

Enabled ☑   [Options...]

[OK] [Cancel] [Defaults] [Apply] [Help]

▲图 4.13   dc 仿真设置

按照图 4.10 的 test 检测电路,先 dc 仿真,增加 $V_{dc} = -13$ mV 以调节 offset,调节后放大器的输出,如图 4.14 所示。

▲图 4.14   放大器 dc 仿真的输出波形

ADE 仿真设置,如图 4.15 所示。

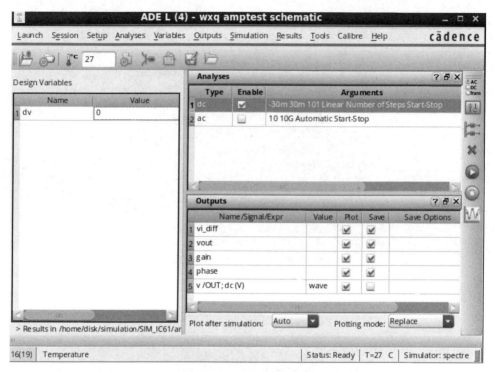

▲图 4.15　ADE 仿真设置

各输出端口设置,如图 4.16(a)—(d)所示。

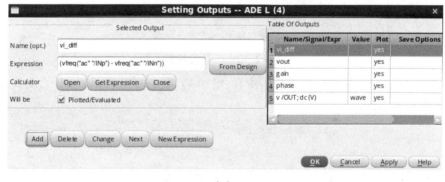

(a)

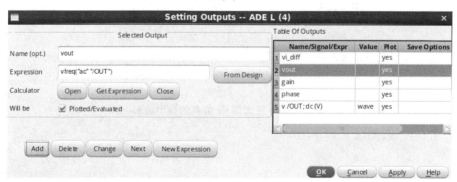

(b)

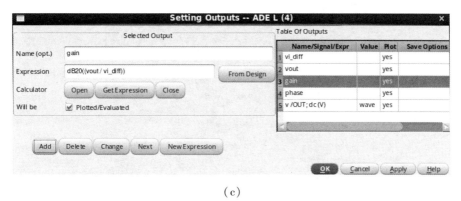

（c）

（d）

▲图 4.16　输出端口设置

dc 仿真设置，如图 4.17 所示。

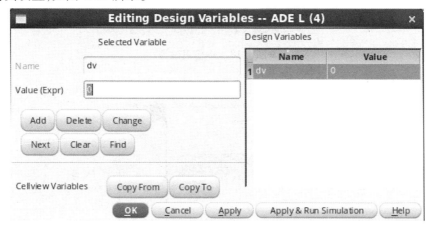

▲图 4.17　dc 仿真设置

ac 仿真设置，如图 4.18 所示。

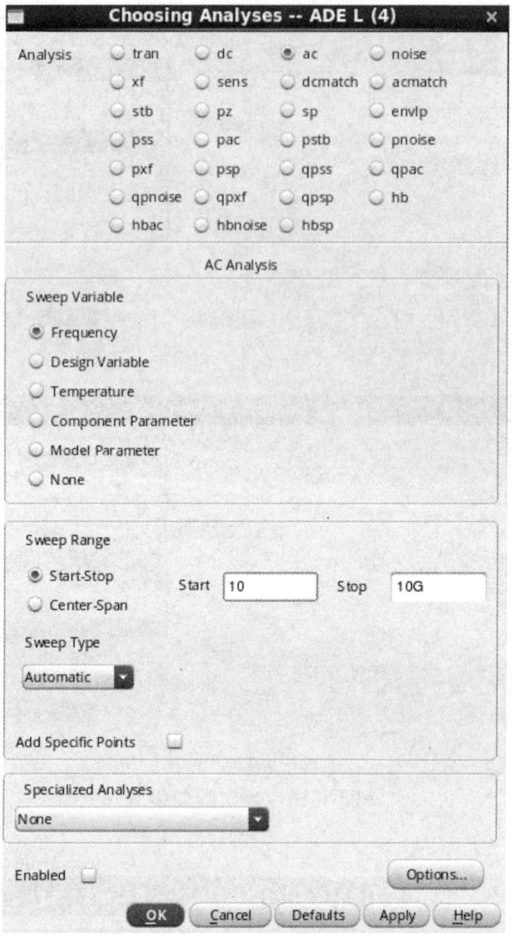

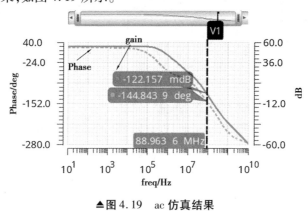

▲图 4.18　ac 仿真设置

得到 ac 仿真结果,如图 4.19 所示。

▲图 4.19　ac 仿真结果

实验 3　放大器电路的版图设计 2

一、实验目的

使用 Cadence Virtuoso 软件根据所给的放大器电路原理图,构建出 Schematic View 后,设计出放大器电路的版图,并仿真得到放大器的频率特性。

二、实验原理

1. 电路原理图

同"实验 2　放大器电路的版图设计 1"中的图 4.9,管子参数设置同表 4.1。

2. 电路版图的基础知识(匹配规则 2)

MOS 晶体管大致包括以下匹配原则:

①采用相同的叉指图形;

②采用大面积的有源区;

③对于电压匹配,保持小 V_{gst} 值;

④对于电流匹配,保持大 V_{gst} 值;

⑤采用薄氧化层器件代替厚氧化层器件;

⑥使晶体管的取向一致;

⑦晶体管应相互靠近 MOS 管;

⑧匹配晶体管的版图应尽可能紧凑;

⑨避免使用极短或极窄的晶体管;

⑩在阵列晶体管的末端放置陪衬(虚拟)段;

⑪把晶体管放置在低应力梯度区域;

⑫晶体管应与功率器件距离适当;

⑬有源栅区上方不要放置接触孔;

⑭金属布线不能穿过有源栅区;

⑮使所有深扩散结远离有源栅区;

⑯精确匹配晶体管应放置在芯片的对称轴上;

⑰不要让 NBL 阴影与有源栅区相交;

⑱用金属条连接栅叉指;

⑲尽量使用 NMOS 晶体管而非 PMOS 晶体管。

三、实验内容及步骤

1. 电路版图设计

在建立完原理图的基础上,利用之前实验学习到的布局布线方法,进行总体布局,得到放大器电路参考版图,如图 4.20 所示。

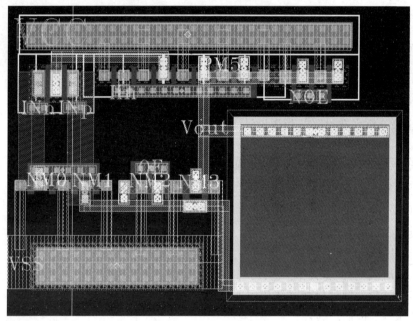

▲图 4.20　放大器电路参考版图

在版图设计过程中,要注意以下几点。

①首先设置 grid 为 0.01;

②Pin 脚用 Mx_CADtex 层;

③NMOS 管和 M1-Nwell 没有 nplus 层,ERC 报错可以忽略。

接下来,需要跑过 DRC 和 LVS,修改至没有错误为止。

首先是 DRC,然后设置好 DRC 规则,如图 4.21 所示。

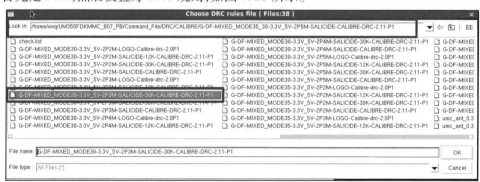

▲图 4.21　DRC 路径设置

注意：打开"drc"文件"…-30K-CALIBRE-DRC-2.11-P1"，找到如图4.22所示的命令行，更改为自己的路径："Eg：wxq->IC-1"，更改保存后再运行DRC。

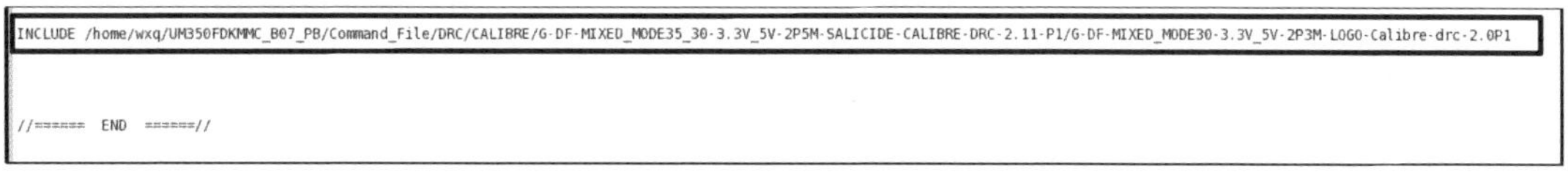

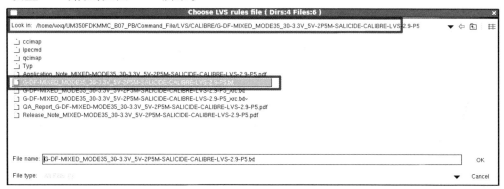

▲图4.22　DRC命令行

设置LVS路径，如图4.23所示。

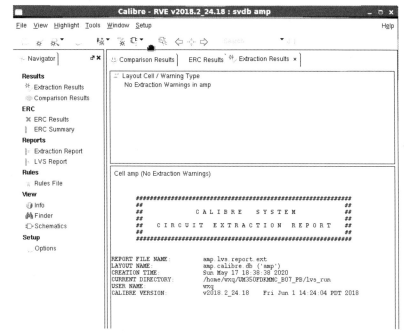

▲图4.23　LVS路径设置

LVS结果，如图4.24所示。

▲图4.24　LVS结果

2. 后仿真

首先对版图进行参数提取，完成后通过config设置，然后仿真，查看仿真结果，如果可以，优化电路或版图。

实验 4　带隙基准电路的版图设计 1

一、实验目的

使用 Cadence Virtuoso 软件,根据所给带隙基准电路原理图,构建出 Schematic View 后,设计带隙基准电路的版图,并仿真得到带隙基准的温度特性。

二、实验原理

1. 电路原理图

模拟电路广泛地包含电压基准和电流基准。这种基准是直流量,它与电源和工艺参数的关系很小,但与温度的关系是确定的,即基准的目的是建立一个与电源和工艺无关、具有确定温度特性的直流电压或电流。

若得到了正温度系数和负温度系数的电压,就可设计出一个令人满意的零温度系数的基准。当然,在正常情况下,并不能完全做到零温度系数,能做的就是尽量减小温度系数。

调用实验 2 所设计的放大器,连线得到带隙基准电路,如图 4.25 所示。管子参数见表 4.4。

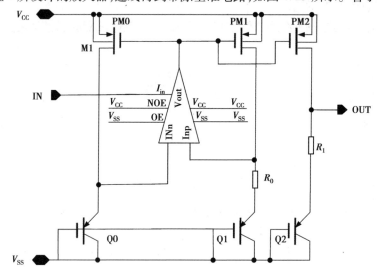

▲图 4.25　带隙基准电路原理图

表 4.4　管子参数设置

器件名称	W/L	finger	m	器件类型
PM0	4.5 μs/3 μs	1	2	P_33
PM1	4.5 μs/3 μs	1	2	P_33
PM2	4.5 μs/3 μs	1	2	P_33
R0	3 μs/r0	1	1	RNHR500_MM_8AB

器件名称	W/L	finger	m	器件类型
R1	3 μs/15 kΩ	1	1	RNHR500_MM_8AB
Q0	10.1 μs/10.1 μs		1	PNP_SV100X100
Q1	10.1 μs/10.1 μs		10	PNP_SV100X100
Q2	10.1 μs/10.1 μs		1	PNP_SV100X100
V_{CC}	3.3 V			
放大器电流偏置	40 μA			

2. 电路版图的基础知识（匹配规则3）

双极型晶体管的匹配包含以下3个方面：

（1）低度匹配

失调电压±1 mV，或者集电极电流失配±4%。这种失配适于构造运算放大器和比较器的输入级，这些电路未经校正的失调必须在±3 ~ ±5 mV 之间。这种失配也适于用在偏置非关键电路的电流镜中。

（2）中等匹配

失调电压±0.25 mV，或者集电极电流失配±1%。这种程度适用于±1%的带隙基准和未校正失配必须在±1 ~ 2 mV 的运算放大器和比较器。由于横向晶体管很难达到这种匹配程度，因此，大多数未经校正的中等匹配电路都采用纵向 NPN 晶体管作为替代。

（3）精确匹配

失调电压±0.1 mV，或者集电极电流失配±0.5%。这种程度的匹配电路通常需要进行校正或者加入精确匹配的简并电阻。但由于简并和校正无法完全消除热梯度和封装漂移效应，所以合理的版图设计仍然很重要，除非横向晶体管重度简并，而且电路包含一些消除基极电流的措施，否则将不能获得这种程度的匹配。要求精确匹配的电路通常采用重度简并纵向 NPN 晶体管。

三、实验内容及步骤

1. 准备工作

将所给的带隙基准电路图画在 Schematic View 中，检查并保证 MOS 管、电阻、BJT 管等器件的宽长比与表4.4完全相同。

2. 前仿真

当电路原理图完成后，先建立 symbol，再建立 test 检测电路，如图4.26所示。

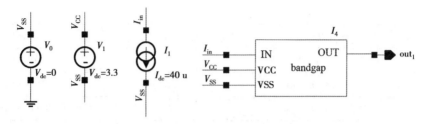

▲图 4.26　前仿真电路图

对仿真设置为 dc 扫描的温度扫描,扫描范围为-20 ~ 85 ℃,如图 4.27 所示。检查电路原理图建立是否成功。

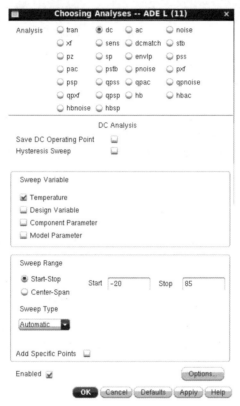

▲图 4.27　dc 仿真设置

先设置 R_1 为 15 kΩ,再设置 r_0 为变量,选择 tools 的"Parametric Analysis",扫描合适的 r_0 值,扫描范围设置为 1 200 ~ 1 400,如图 4.28 所示。

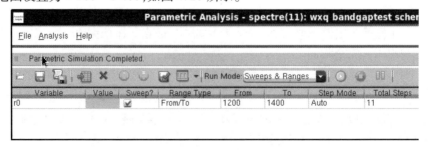

▲图 4.28　r_0 参数扫描设置

r_0 参数扫描仿真结果,如图4.29所示。

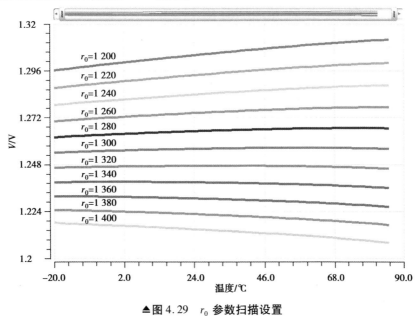

▲图4.29 r_0 参数扫描设置

选择输出形状平稳区间,对应的 $r_0 = 1\,320$,选择设置 r_0 为 $1\,320\,\Omega$,仿真得到带隙基准的较好温度特性,如图4.30所示。

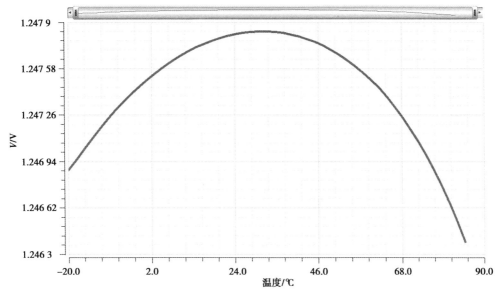

▲图4.30 温度特性分析

实验 5　带隙基准电路的版图设计 2

一、实验目的

使用 Cadence Virtuoso 软件根据所给的带隙基准电路原理图,构建出 Schematic View 后,设计带隙基准电路的版图,并仿真得到带隙基准的温度特性。

二、实验原理

1. 电路原理图

电路原理图同"实验 4　带隙基准电路的版图设计 1"中的图 4.26,管子参数设置同表 4.4。

2. 电路版图的基础知识(匹配规则 4)

匹配纵向 NPN 晶体管大致包括以下基本原则:

①使用同样的发射极区形状;

②发射区直径应该是最小允许直径的 2 ~ 10 倍;

③增大发射区的面积周长比;

④将匹配晶体管尽可能靠近放置;

⑤使匹配晶体管的版图尽可能紧凑;

⑥构造比例对或比例四管时采用 4∶1 到 16∶1 之间的偶数比;

⑦匹配器件应远离功率器件;

⑧将匹配晶体管放置在低应力区域;

⑨将中度匹配和精确匹配的晶体管放置在对称轴上;

⑩不要使 NBL 阴影同匹配发射区相交;

⑪发射区应互相远离以避免相互影响;

⑫增加基区与中等或精确匹配发射区的交叠;

⑬使得匹配晶体管工作在 β 曲线的平坦段;

⑭接触孔形状应与发射区形状匹配;

⑮考虑采用发射区简并;

⑯使中度和精确匹配晶体管工作在相同集电极-发射极电压下;

⑰不要让匹配器件的发射结出现雪崩。

三、实验内容及步骤

1. 电路版图设计

此步在建立原理图的基础上,利用匹配要求,与带隙基准中心的 BJT 管进行匹配。再利用之前实验学习到的布局布线方法进行总体布局。

电路版图(示例),如图 4.31 所示。

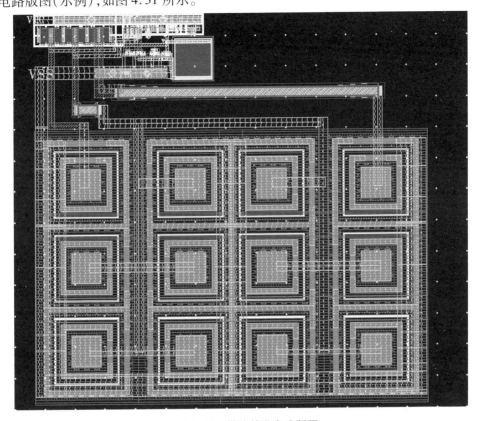

▲图 4.31　带隙基准电路版图

注意:在 Pin 脚 Layer 中输入 M1_CAD　TEXT,大写,如图 4.32 所示。

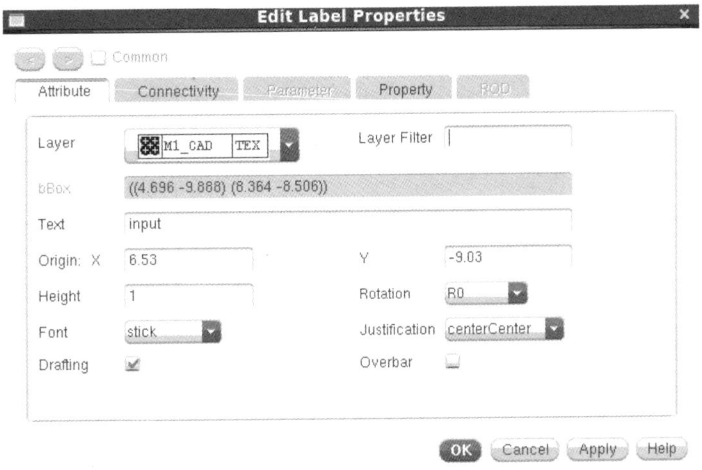

▲图 4.32　Pin 脚添加 Label

接下来,需要运行 DRC 和 LVS,修改至没有错误为止。

LVS 设置,如图 4.33 所示。

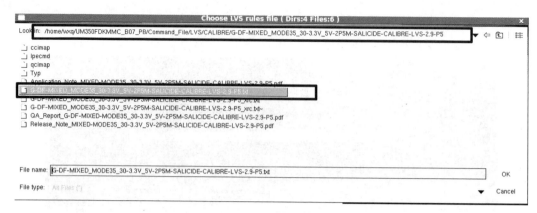

▲图 4.33 LVS 设置

注意:LVS 运行完毕后,窗口会出现相关信息,如图 4.34 所示。如果有 error 或 warning,则对应修改版图。

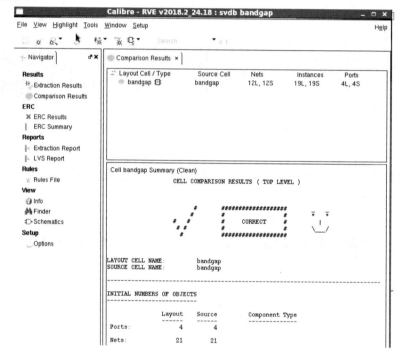

▲图 4.34 LVS 通过无错误

2. 参数提取

在版图运行 LVS 后,接下来对版图进行参数提取,选择菜单"calibre"→"run PEX",设置输出 Output 为 calibre view,use names from schematic,只提取 R,如图 4.35 所示。

注意:找到目录下的 PEX 文件中的"… P5_xrc. text",打开找到的命令行,如图 4.36 所示。

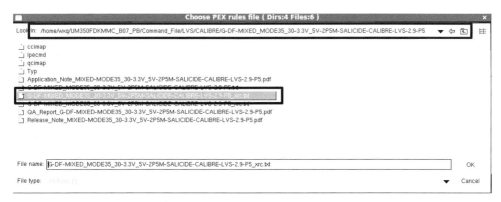

▲图4.35　PEX参数提取文件

▲图4.36　PEX参数提取文件

将命令行更改为自己的路径："Eg:wxq→IC-1"，更改保存后再运行 PEX 进行参数设置，如图4.37 所示。

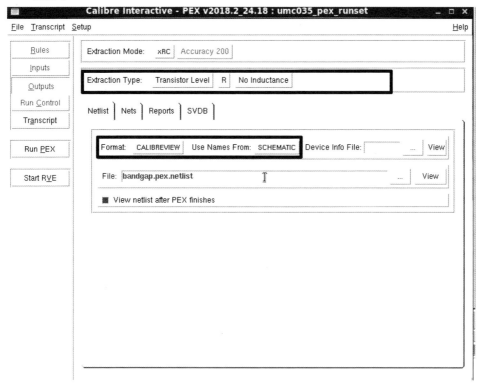

▲图4.37　PEX参数提取设置

在 Calibre 中设置 Cellmap File 路径，如图4.38 所示。

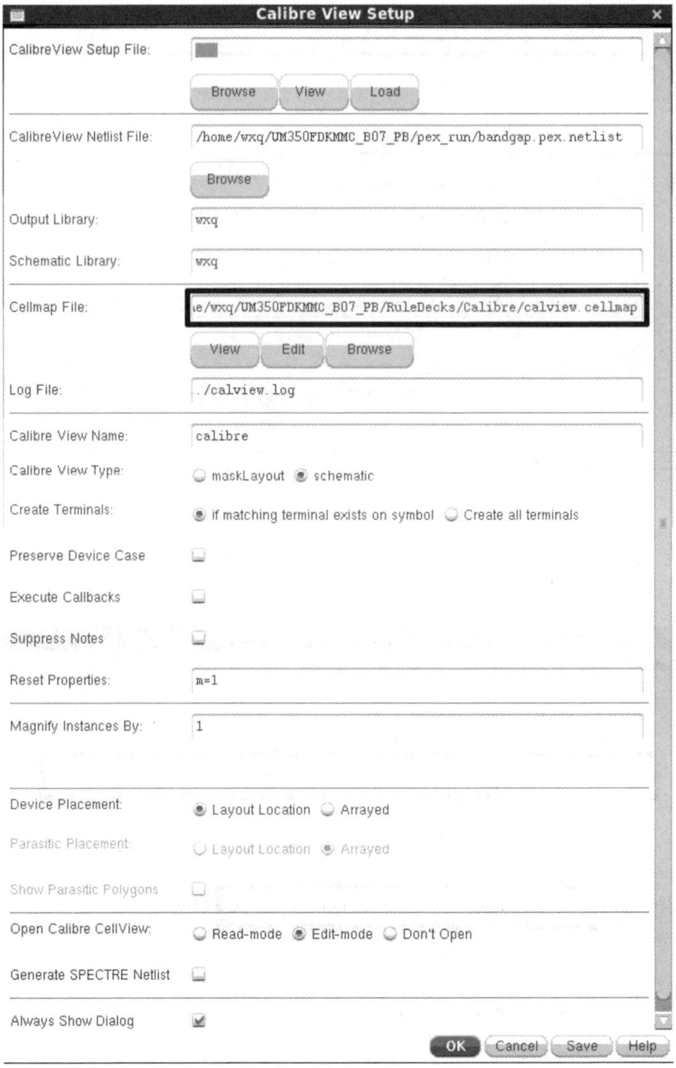

▲图 4.38　Calibre 设置

保证提取参数没有错误和警告，如图 4.39 所示。

▲图 4.39　Calibre 通过无错误

3. 电路仿真

搭建电路后仿测试图，如图 4.40 所示。

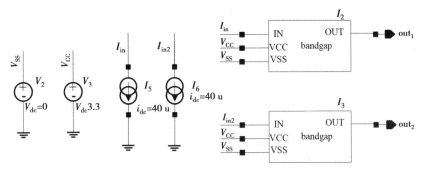

▲图 4.40　电路后仿测试图

调用带隙的 Symbol,建立测试图 bandgaptest,在测试图下建立新的 Cell 和 View,其中 "Type：Config、View：schematic",单击"Use Template",如图 4. 41(a)所示。弹出"Use Template"对话框,选择"Name ：spectre",单击"OK"按钮,如图 4.41 所示。

(a)"Use Template"设置

(b)"Template"选择

▲图 4.41　后仿 Configuration 设置

在 Tree View 窗口中,右键设置其中一个带隙 symbol 为后仿真 calibre 类型,如图 4.42 所示。完成 config 设置后并保存。

接下来,进行 dc 仿真,相关参数设置,如图 4.43 所示。

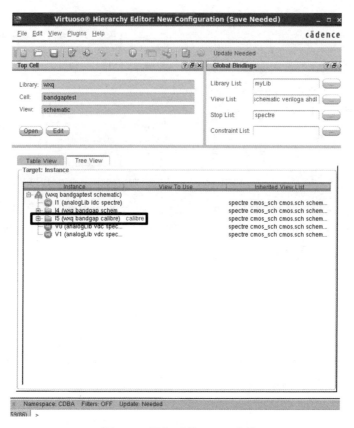

▲图 4.42   添加后仿 calibre 参数

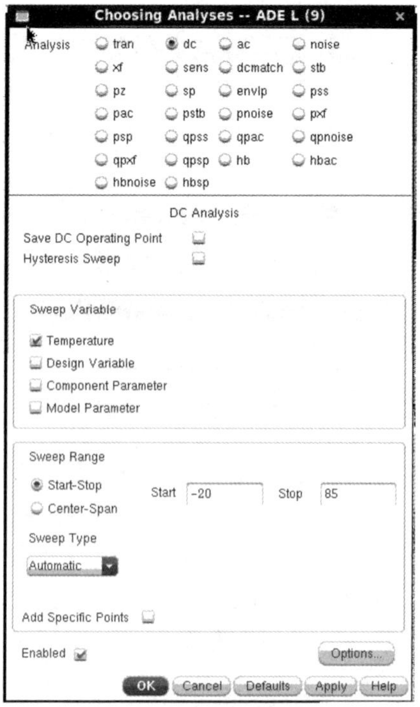

▲图 4.43   dc 仿真设置

选择 config 仿真,如图 4.44 所示,在"View Name"中选择 config。

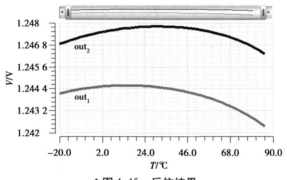

▲图 4.44　选择 congfig 仿真

得到后仿结果,如图 4.45 所示。

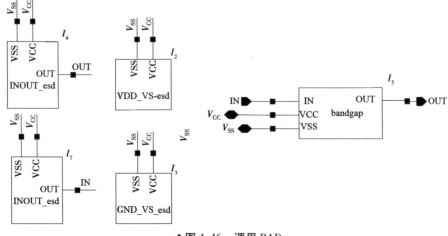

▲图 4.45　后仿结果

由图可以看出,后仿真与前仿真有差异。如果未达到实验指标要求,需要对电路或版图进行优化。

4. 调用 PAD

调用库中的 cell:GND_V5_esd、VDD_V5_esd、INOUT_esd,调用电源地的 PAD 和输入输出 PAD,再新建一个总的原理图,如图 4.46 所示。

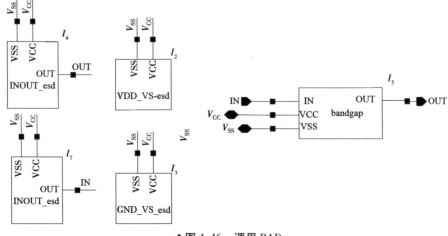

▲图 4.46　调用 PAD

创建版图,如图 4.47 所示。为了流片的需要,保证总的边缘大小为 400 μm×400 μm。

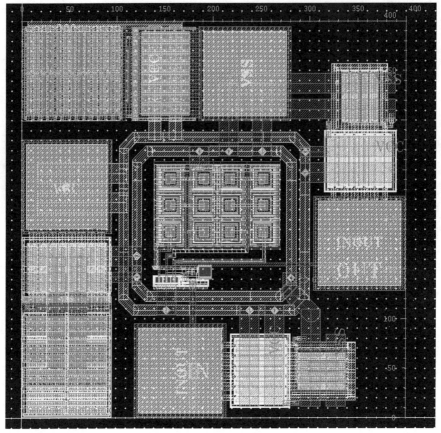

▲图 4.47 带隙基准总电路版图

运行 DRC 和 LVS,如图 4.48 和图 4.49 所示。

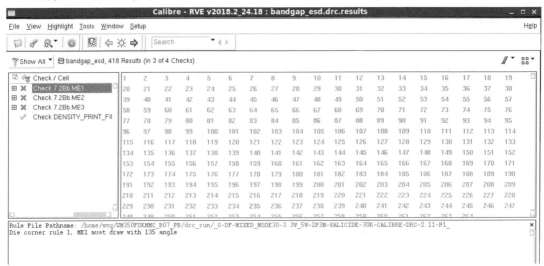

▲图 4.48 DRC 通过

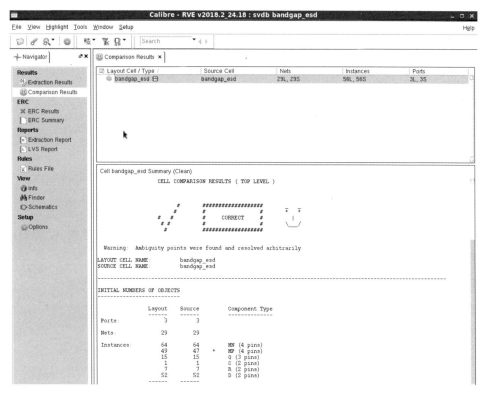

▲图 4.49　LVS 通过

5. 总版后仿

再新建一个总的测试原理图,如图 4.50 所示。

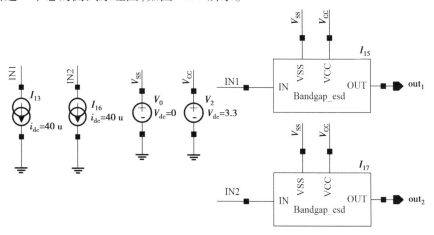

▲图 4.50　总的测试原理图

用"步骤 2"的相同方法提取版图参数。仿真得到总版的后仿结果,如图 4.51 所示。

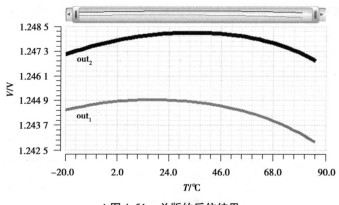

▲图 4.51　总版的后仿结果

　　由图可以看出,总版后仿结果和前仿有差异。如果未达到实验指标要求,需要对电路或版图进行优化,以得到更好的带隙温度特性。

集成电路版图设计与实践

一、引言

集成电路版图设计与实践包括模拟集成电路和数字集成电路两部分内容,主要利用集成电路工艺、模拟集成电路原理与设计、数字集成电路原理与设计、定制集成电路设计等课程中学习的设计方法进行专题设计,以便更好地掌握 IC 的设计方法及流程。

随着数字技术的快速发展,对 DAC(Digital-to-Analog Converter,数字模拟转换器)电路提出了更高的要求,高速度、高精度、低功耗等,这些高要求确定了 DAC 的发展方向。要提高 DAC 的性能,首先要知道 DAC 有哪些性能指标,它们和哪些因素相关联。本章主要开展 8 位 DAC 的研究与设计。通过完成本章的设计,使学生能对 DAC 的性能指标有较为全面的了解,并掌握 IC 层次化设计的整个过程。

本次设计采用 TSMC 0.18 μm CMOS 制造工艺,要求的所有原理图都必须通过 Spetre 仿真,版图设计必须通过 DRC、LVS 检验,PEX 寄生参数提取后进行后端仿真,达到流片要求后,提交代工厂所需的 GDSII 文件。

二、实验要求

基本要求:

①学习和研究 DAC 转换器电路结构和工作原理。

②学习 Cadence 全定制 IC 工具的开发流程和设计方法。

③用 Cadence IC 工具实现数模转换电路原理图设计及仿真。

④用 Cadence IC 工具实现版图设计及其相关验证。

提高要求:

①用 Cadence IC 工具对设计的版图进行参数分析。

②利用场效应管工作在线性区时的电阻特性,设计 CMOS 等效电阻替代高阻值电阻。

三、实验目的

系统学习并掌握 Cadence IC 设计工具的使用,掌握 DAC 转换电路的工作原理,掌握全定制 IC 层次化设计方法和流程,深刻理解 DAC 转换器的性能指标,以及如何通过修改设计改善性能指标。

四、实验环境

①Cadence Virtuoso IC617 设计软件。

②TSMC 0. 18 μm MOS 工艺器件库。

③TSMC 0. 18 μm 工艺 Calibre 版图设计规则文件(包括 DRC,LVS 和 PEX)。

五、实验原理

DAC 实现把数字信号转变成模拟信号,要求这种转换是线性的。假设 DAC 输入的数字量是 n 位二进制码 $D(= D_{n-1}D_{n-2}D_{n-3}\cdots D_0)$,D_{n-1} 为最高位(Most Significant Bit,MSB) ,D_0 为最低位(Least Significant Bit,LSB) ,则输出模拟量 A 和输入数字量 D 之间的函数关系。

$$A = k \cdot \sum_{i=0}^{n-1} (D_i \times 2^i) \tag{5.1}$$

式中,k 为数模转换比例系数,也即最小变化值、最低输出值。当模拟参考量为电压时,$k = V_{REF}/2^n$,当模拟参考量为电流时,$k = I_{REF}/2^n$ 。V_{REF} 是参考电压,I_{REF} 是参考电流,D_i 数字量表示 D 的第 i 位,其值为 0 或 1。2^i 是第 i 位的权值。例如,4 位 DAC 数模转换的这种线性关系,如图 5. 1 所示。

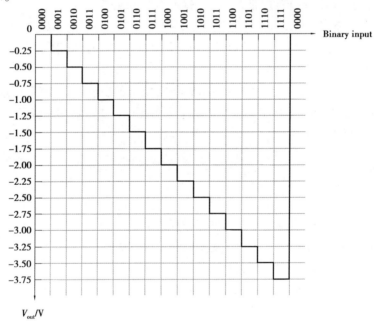

▲图 5.1　4 位 DAC 数模转换关系

本次 DAC 设计采用 R-$2R$ 倒"T 形"网络实现,其电路原理图,如图 5. 2 所示。

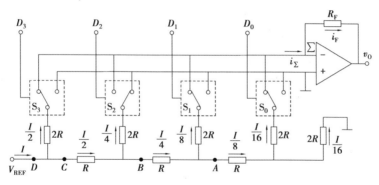

▲图5.2   R-2R 倒"T"形网络

由图5.2 可知,A,B,C 3 点的等效电阻为 $2R$,D 点的等效电阻为 R,所以总电流为 $I = V_{REF}/R$,各支路电流按图中标注分配。流向运放反相输入端节点的电流为

$$i_{\sum} = \frac{I}{2}D_3 + \frac{I}{4}D_2 + \frac{I}{8}D_1 + \frac{I}{16}D_0 = \frac{V_{REF}}{2^4 R}(2^3 D_3 + 2^2 D_2 + 2^1 D_1 + 2^0 D_0) \qquad (5.2)$$

由于运放开环放大倍数较高,因此可近似认为 $i_F = i_{\sum}$,这样输出模拟电压为

$$v_o = -i_F = -\frac{V_{REF} R_F}{2^4 R}(2^3 D_3 + 2^2 D_2 + 2^1 D_1 + 2^0 D_0) \qquad (5.3)$$

在设计电路时,通常取 $R_F = R$,如此就能实现式(5.1)的转换关系。

$R-2R$ 倒"T"形电阻网络 DAC 有以下不足之处。

①倒"T"形电阻网络相当于传输线,图中的模拟开关 S_3—S_0 非理想开关,其自身具有一定的阻值和开关时间,从模拟开关到电阻网络建立稳定的输出,需要一定时间。而且位数越多,建立时间越长。因此,在位数较多时将直接影响 DAC 的转换速度。

②当有几位数码同时发生变化时,由于各级信号传输到输出端所需的时间不同,因而在输出端可能产生瞬时尖峰。同学们可通过自己设计的电路观察到这些现象。

采用 MOS 工艺的电路其速度功耗明显优于双极型电路,而且结构简单,占用芯片面积更小,这也是本课程设计采用 CMOS 工艺的主要原因。NMOS 管相对于 PMOS 管有更高的电流驱动能力和高的跨导,性能更好,因此本设计采用 NMOS 场效应管作为倒 T 形 $R-2R$ 电阻网络中各支路的电流模拟开关 S_3—S_0。

六、具体内容和要求

本次课程设计内容的 DAC 方框图(不含运放),如图5.3 所示。

$R-2R$ 倒"T"形电阻网络中的电流模拟开关电路,如图5.4 所示。

本次综合实践需根据层次化设计方法,完成以下电路和模块的层次化设计。

①反相器:这是最底层电路,称其为第一层次。

②电流模拟开关:这是一个含有反相器电路的小模块,为第二层次。

③$R-2R$ 倒"T"形电阻网络(不含运算放大器):该电路含模拟开关,为第三层次。

④8 位锁存器:它与 $R-2R$ 倒"T"形电阻网络位于同一层次。

注意:8 位锁存器的设计采用典型的由传输门构成的 1 位正锁存器电路。1 位正锁存器电路,如图5.5 所示。

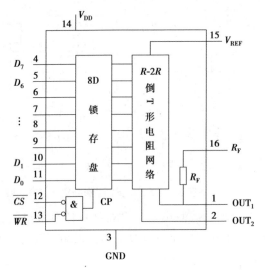

▲图5.3   DAC方框图(不含运放)

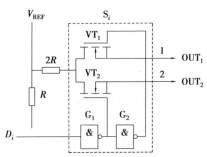

▲图5.4   电流模拟开关电路

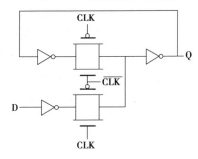

▲图5.5   1位正锁存器

DAC转换器的性能指标:

(1)失调误差(或称零点误差)

失调误差定义为,数字输入全为0码时,其模拟输出值与理想输出值之偏差值。对单极性DAC转换,模拟输出的理想值为零。对双极性DAC转换,理想值为负域满量程。偏差值的大小一般用LSB的份数或用偏差值相对满量程的百分数来表示。

(2)增益误差(或称标度误差)

DAC转换器的输入与输出传递特性曲线的斜率称为DAC转换增益或标度系数,实际转换增益与理想增益之间的偏差称为增益误差。增益误差在消除失调误差后,用满码输入时其输出值与理想输出值(满量程)之间的偏差表示,一般也用LSB的份数或用偏差值相对满量程的百分数来表示,如 ±0.5LSB 或% FSR。

（3）非线性误差（DNL,INL）

DAC 转换器的非线性误差定义为实际转换特性曲线与理想特性曲线之间的最大偏差,并以该偏差相对于满量程的百分数度量。在电路设计中,一般要求非线性误差不大于±0.5LSB。

（4）转换稳定时间

输入信号从全 0 直接跳变为全 1 时,输出电压从 0 到稳定值的时间。

七、设计过程细节指导

首先,完成 DAC 原理图设计和仿真,检查性能指标是否符合设计要求,若不符合,要反复修改,直到满足指标要求为止。

接下来,原理图设计成功后就是版图绘制,版图绘制过程与原理图一模一样,遵循层次化设计原则,从最底层反相器版图开始绘制,上层模块可以调用下层已做好的模块,例如,做电流模拟开关的版图时,就要调用之前做好的反相器版图。所有的设计细节见以下设计指导书。

1. 原理图设计及仿真

（1）反相器

构建反相器的 PMOS 和 NMOS 晶体管,选用 tsmc18rf 工艺库中的 PMOS2V 和 NMOS2V 器件,宽长比设定为晶体管默认的最小值。如果有必要,以后再进行调整。设计好的反相器,如图 5.6 所示。

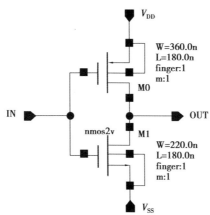

▲图 5.6 反相器的电路图

然后,为反相器创建一个符号,如图 5.7 所示,该符号将用于层次化设计中。

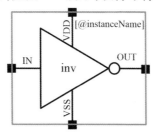

▲图 5.7 反相器的图形符号

为了设计的顺利进行,每设计一个模块就要对其进行仿真,确认它能工作,且性能良好。对于反相器来说,就是传输延迟和输出波形的上升下降时间。

反相器的测试要在带负载下进行,反相器的测试电路如图5.8所示。

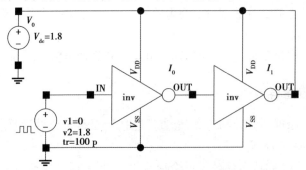

▲图5.8　反相器测试电路图

信号源选 analogLib 库中的 Vpulse,其参数设置如图5.9所示。

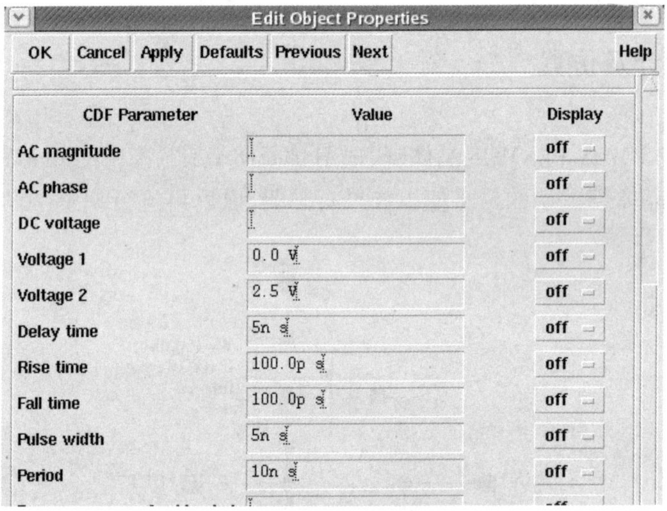

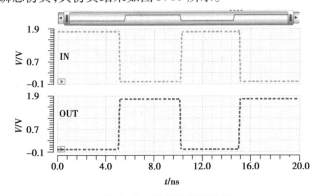

▲图5.9　Vpulse 信号的参数设置

进行 20 ns 的瞬态仿真,其仿真结果如图5.10所示。

▲图5.10　反相器仿真结果

对仿真波形局部放大,求出传输延迟和上升、下降时间,如图5.11—图5.13所示。

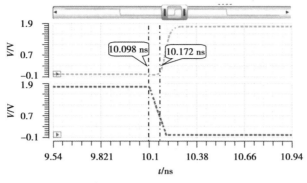

▲图 5.11　反相器传输延迟

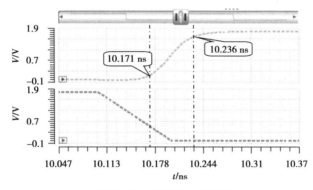

▲图 5.12　反相器上升时间

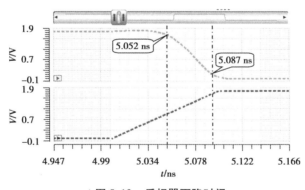

▲图 5.13　反相器下降时间

由仿真结果可以看出,电路能够实现反相器功能。

测得的反相器传输延迟,如图 5.11 所示,约为 0.074 ns。测得的反相器上升时间约为 0.065 ns,如图 5.12 所示。下降时间约为 0.035 ns,如图 5.13 所示。

(2)电流模拟开关

反相器设计完成后,接下来可设计电流模拟开关。创建电流模拟开关原理图,如图 5.14 所示。

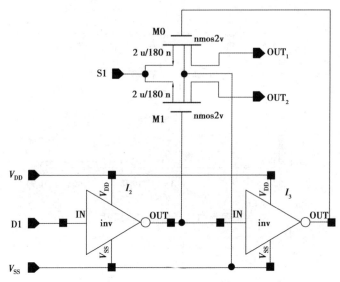

▲图 5.14   电流模拟开关原理图

调用 tsmc18rf 工艺库中 NMOS2V 场效应管,设计倒"T"形 $R\text{-}2R$ 电阻网络中各支路的电流模拟开关 S_7—S_0。该 MOS 管的沟长设为 180 nm,沟宽设为 2 μm。

接着,创建一个电流模拟开关的符号,管脚布置如图 5.15 所示。其中,DI 为输入数字量,它控制模拟开关输入电流的去向 OUT_1/OUT_2,SI 为流入模拟开关的电流信号。

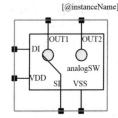

▲图 5.15   电流模拟开关图形符号

然后,对其进行仿真测试。理想情况是在输入 DI 为 1 时,OUT_1 有电流输出;当 DI 为 0 时,OUT_2 有电流输出。仿真测试电路,如图 5.16 所示。

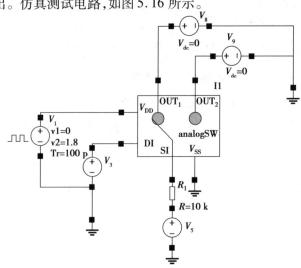

▲图 5.16   电流模拟开关测试电路

DI 输入端的 Vpulse 信号，delay time 设为 1 μs，pulse width＝2 μs，period＝4 μs，其他参数设置如图 5.16 所示。进行 10 μs 的瞬态仿真，其仿真结果如图 5.17 所示。

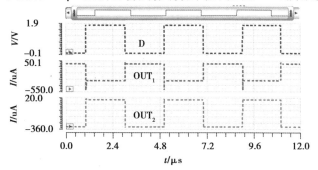

▲图 5.17　电流模拟开关仿真测试结果

图中第一行为 DI 输入数据，中间为流出 OUT_1 的电流，第三行为流出 OUT_2 的电流。根据上面的测试电路，加在 SI 端的电压为 5 V，该支路电阻为 10 kΩ，则理想情况下开关接通时的输出电流应为 0.5 mA，局部放大观察误差为多大。

由仿真结果可以看出，电路能够实现模拟开关的功能。并且测试所得的两路电流输出均为 322 uA，计算得出模拟开关的导通电阻约为 543 kΩ。

（3）倒"T"形电阻网络

接下来，设计第三个模块，R-2R 倒"T"形电阻网络。该模块中含有电流模拟开关模块，设计电路图，如图 5.18 所示。

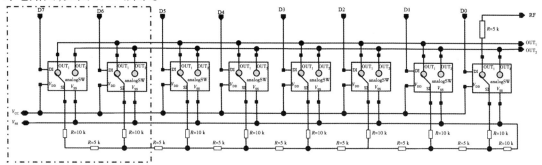

▲图 5.18　R-2R 倒"T"形电阻网络总图

为了看得更清楚，将中虚框内局部放大，如图 5.19 所示。

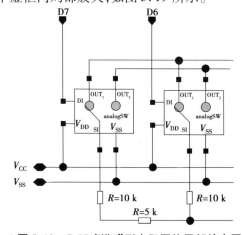

▲图 5.19　R-2R 倒"T"形电阻网络局部放大图

其中,电阻 R 选用 tsmc18rf 库中的 rnwell 型号,如果阻值取 5 kΩ,那么 $2R$ 也就是 10 kΩ。5 kΩ 和 10 kΩ 阻值的设置如图 5.20 和图 5.21 所示。

CDF Parameter	Value	Display
Model name	rnwsti	off
description	Well resistor under STI	off
Total resistance(ohms)	5.00715K Ohms	off
Total width(M)	2.1u M	off
Segment width(M)	2.1u M	off
Total length(M)	10.36u M	off
Segment length(M)	5.18u M	off
Multiplier	1	off
Rs(ohms/square)	927	off
Resistor connection	◆ Series ◇ Parallel	off
Number of segments	2	off
Segement spacing(M)	1.4u M	off
Cont columns	1	off

Log: /home/icusr/CDS.lo | Library Manager: WorkArea: /h | Virtuoso® Schematic

▲图 5.20　5 kΩ 阻值的设置

CDF Parameter	Value	Display
Model name	rnwsti	off
description	Well resistor under STI	off
Total resistance(ohms)	9.66632K Ohms	off
Total width(M)	2.1u M	off
Segment width(M)	2.1u M	off
Total length(M)	20u M	off
Segment length(M)	5u M	off
Multiplier	1	off
Rs(ohms/square)	927	off
Resistor connection	◆ Series ◇ Parallel	off
Number of segments	4	off

▲图 5.21　10 kΩ 阻值的设置

然后,为 R-$2R$ 倒"T"形电阻网络创建一个符号,如图 5.22 所示。

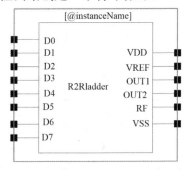

▲图 5.22　R-$2R$ 倒"T"形电阻网络的图形符号

接下来,仿真测试 R-2R 倒"T"形电阻网络的工作情况。构建测试电路,如图 5.23 所示。图中 D 数据输入端的 Vpulse 信号设置等同于电流模拟开关中的 DI 信号设置。

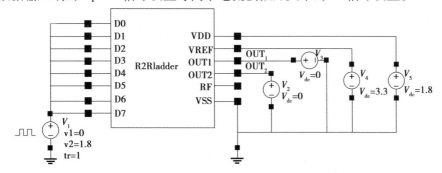

▲图 5.23　R-2R 倒"T"形电阻网络的仿真测试电路

测试输入信号从全 0 跳变为全 1 极端情况下,流出端口 OUT_1 和 OUT_2 的电流大小。得到测试结果,如图 5.24 所示。

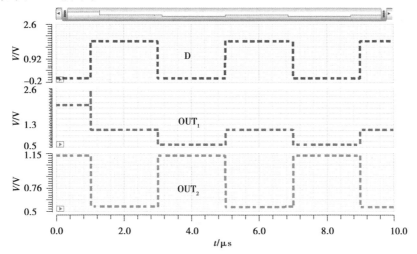

▲图 5.24　R-2R 倒"T"形电阻网络的仿真测试结果

根据以上测试电路的设定,其理想总电流约为 1 mA。由仿真结果图可以看出,测得的总电流约为 651.553 μA。

(4)1 位 D 锁存器

如果一切顺利,现在就可设计 D 锁存器了。首先设计 1 位正 D 锁存器,即时钟为高时输出跟随输入变化,时钟变低时锁定之前的输入值。

晶体管仍然采用 PMOS2V 和 NMOS2V 器件,1 位正 D 锁存器电路,如图 5.25 所示。其中,需要调用以前创建的反相器模块。电路中的 P 管沟长设为 180 nm,沟宽设为 1 μm,N 管沟长设为 180 nm,沟宽设为 0.5 μm。然后为其创建一个符号,如图 5.26 所示。

其仿真测试电路,如图 5.27 所示。

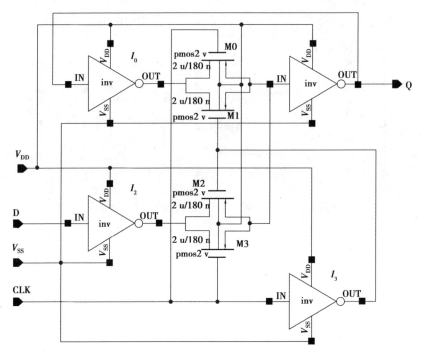

▲图 5.25   1 位正 D 锁存器参考设计

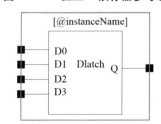

▲图 5.26   1 位正 D 锁存器的图形符号

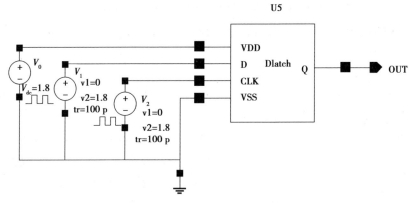

▲图 5.27   1 位正 D 锁存器的仿真测试电路

第一次仿真时的数据 D 端参数设置,如图 5.28 所示。

Edit Object Properties						
OK	Cancel	Apply	Defaults	Previous	Next	Help
Voltage 1		0.0 V				off
Voltage 2		2.5 V				off
Delay time		10n s				off
Rise time		100.0p s				off
Fall time		100.0p s				off
Pulse width		12.5n s				off
Period		25n s				off

▲图 5.28　D 输入端 Vpulse 的信号设置

CLK 输入端的 Vpulse 数据设置,如图 5.29 所示。

Edit Object Properties						
OK	Cancel	Apply	Defaults	Previous	Next	Help
Voltage 1		0.0 V				off
Voltage 2		2.5 V				off
Delay time		0 s				off
Rise time		100.0p s				off
Fall time		100.0p s				off
Pulse width		20n s				off
Period		40n s				off

▲图 5.29　CLK 输入端的 Vpulse 数据设置

本次仿真测试结果,如图 5.30 所示。

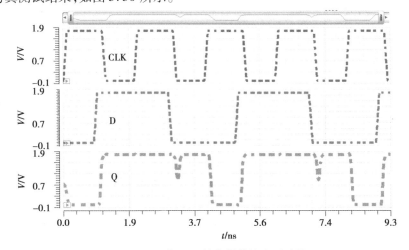

▲图 5.30　1 位正 D 锁存器的仿真测试结果

由图可以看出,CLK 为高电平期间,输出能跟随输入数据 D 的变化,且在 CLK 的下跳沿能将该时刻的 D 数据锁存。但是,仿真曲线有一个小毛刺,那是因为在时钟下降沿时刻,数据 D 正好发生跳变,不能满足建立时间的要求,所以没有正确地将 D 为 1 的值锁存输出。

接下来,通过仿真求出锁存器的建立时间,测试信号的设置,如图 5.31、图 5.32 所示。

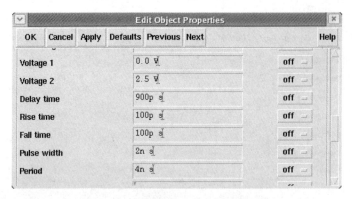

▲图5.31 D 输入端 Vpulse 的信号设置

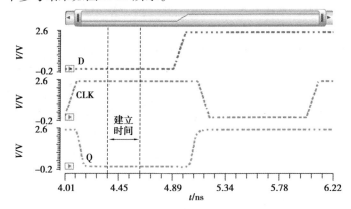

▲图5.32 CLK 输入端 Vpulse 的信号设置

该设置的一个参考结果如图5.33 所示。

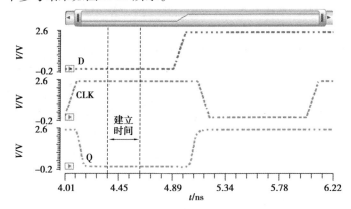

▲图5.33 8 位正 D 锁存器的建立时间的仿真测试结果

求出建立时间的方法为：反复调整 D 信号上升沿相对于时钟信号下降沿的时间,直到 Q 输出端不能将正确的 D 信号锁定为止。本例建立时间约为 199 ps,整个仿真时间为 2 ns。

(5)8 位 D 锁存器

在设计完 1 位 D 锁存器后,将 8 个这样的锁存器组合在一起构建成 8 位 D 锁存器。注意要正确连接电源线和地线。8 位 D 锁存器的电路原理图,如图5.34 所示。

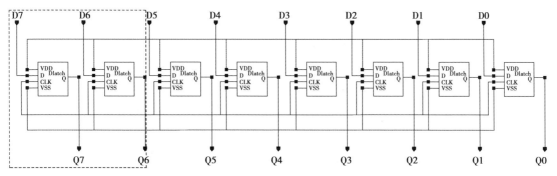

▲图5.34　8位D锁存器的电路原理图

将图5.34中虚框内部放大,得到电路细节局部放大,如图5.35所示。

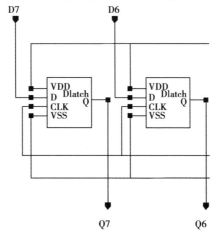

▲图5.35　8位D锁存器的电路局部放大图

创建的符号管脚布局,如图5.36所示。

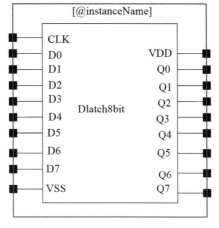

▲图5.36　8位D锁存器的图形符号

现在需要设计一个8位锁存器的测试电路,要求输入数据能够从00000000逐步变化到11111111时,输出能正确锁存输入数据。在此给出一种方法,即测试电路图,如图5.37所示。

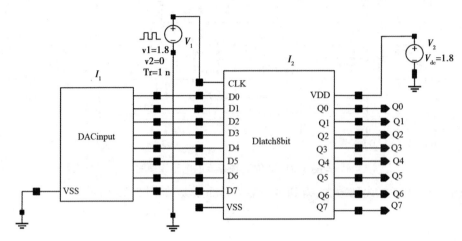

▲图 5.37   8 位 D 锁存器的测试电路

其中,DACinput 模块由 8 个脉冲源构成,如图 5.38 所示。D0 脉冲源周期设为 10,脉宽设为 5,延迟设为 5;D1 脉冲源是 D0 脉冲源参数的两倍,即周期设为 20,脉宽设为 10,延迟设为 10;D2 脉冲源是 D1 脉冲源参数的两倍,以此类推。

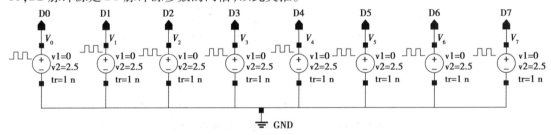

▲图 5.38   8 位 D 锁存器测试电路的数据输入模块

CLK 时钟信号源的设置,如图 5.39 所示。

Edit Object Properties		
OK Cancel Apply Defaults Previous Next		Help
Voltage 1	2.5 v	off
Voltage 2	0 v	off
Delay time	5.5 μs	off
Rise time	1 ns	off
Fall time	1 ns	off
Pulse width	2.5 μs	off
Period	5 μs	off

▲图 5.39   8 位 D 锁存器测试电路的 CLK 时钟源设置

对如图 5.38 所示的电路进行瞬态仿真。仿真结果截图,如图 5.40 所示。

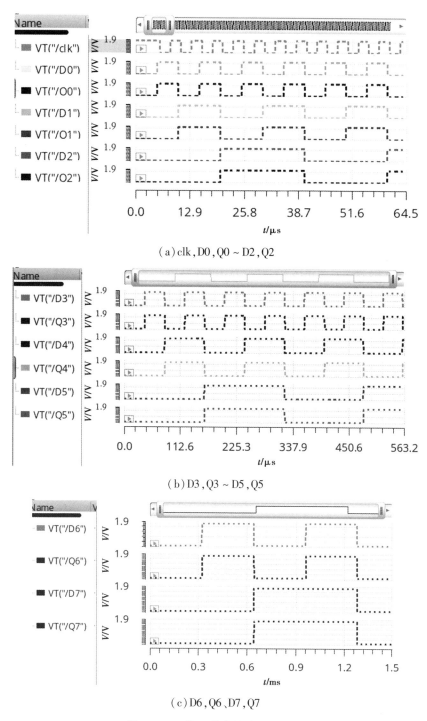

(a) clk, D0, Q0 ~ D2, Q2

(b) D3, Q3 ~ D5, Q5

(c) D6, Q6、D7, Q7

▲图 5.40　8 位 D 锁存器前仿验证结果

　　由图可以看出,当输入数据依次变化时,输出能正确将输入数据锁存。但是,图 5.40 是在一个比较大的时间框架下观察的,似乎输出完全跟随输入变化,其实当局部放大仿真曲线后,在一个很小的时间框架内观察输出和输入的关系,就会发现输出有延迟。输出随输入变化的细节,如图 5.41 所示。

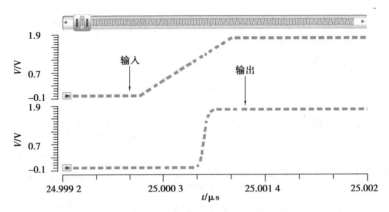

▲图 5.41　8 位 D 锁存器仿真结果局部放大图

根据仿真验证结果可以看出,该锁存器的建立时间约为 0.14 ns。

至此,DAC 转换器的数字部分电路原理图设计完成。下一步是设计模拟部分的运算放大器电路。

（6）运算放大器

设计的运算放大器采用两级运算放大器拓扑结构。电路结构示意图,如图 5.42 所示。

创建运放模块,取名 opamp 加学号。因为运算放大器的工作电压要求能达到 5.5 V,而 tsmc18rf 工艺库中 NMOS2V 和 PMOS2V 器件的最高电压只有 4 V,NMOS3V 和 PMOS3V 器件的耐压强度可到 6.5 V 以上,所以运放中的所有 MOS 管都选这种器件。在运放设计的计算中,V_{DD} 取 5.5 V,V_{SS} 取-5.5 V。

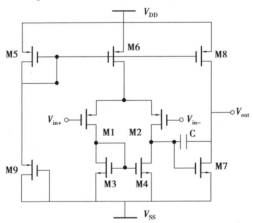

▲图 5.42　运算放大器参考原理图

现将能保证正常运行的参考设计数据进行汇总,见表 5.1。

表 5.1　运算放大器的晶体管设计参考尺寸

晶体管	晶体管						
	M1/M2	M3/M4	M5/M6	M7	M8	M9	补偿电容
沟道长 length	600 nm	600 nm	600 nm	600 nm	600 nm	20 μm	15 μm
沟道宽 width	4 μm	3 μm	4 μm	12 μm	12 μm	500 nm	15 μm

晶体管	晶体管						
	M1/M2	M3/M4	M5/M6	M7	M8	M9	补偿电容
栅极分段 fingers	3	2	3	4	4	1	1
MOS 管总宽	12 μm	6 μm	12 μm	48 μm	48 μm	500 nm	15 μm
并联数 multiplier	1	1	1	1	1	1	1

运放原理图设计完成后,创建一个符号,如图 5.43 所示。

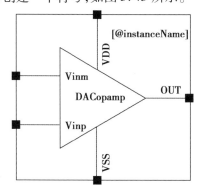

▲图 5.43　两级运算放大器的图形符号

然后,对其进行 ac 分析,测试幅频和相频特性。搭建测试电路,如图 5.44 所示。得到仿真结果,如图 5.45 所示。

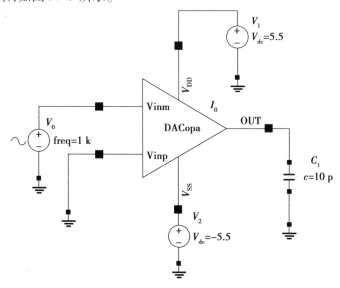

▲图 5.44　两级运算放大器的仿真测试电路

由仿真结果可以得出,相位裕度为 60°,10 kHz 增益为 60 dB 以上,满足设计需求。

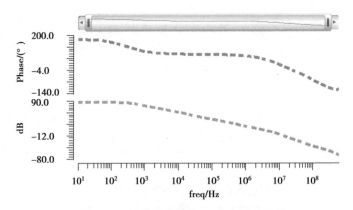

▲图 5.45   运算放大器的 ac 仿真测试结果

（7）完整 DAC 转换器

最后一步，把以上所有调试成功的模块组合在一起构成 DAC 转换器，如图 5.46 所示。

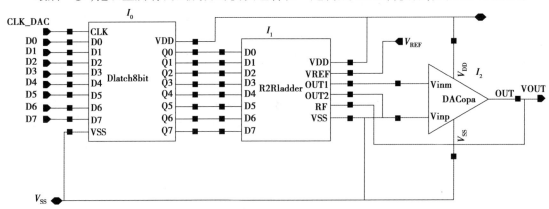

▲图 5.46   完整的 DAC 转换仿真测试电路

将完整的 DAC 电路生成 symbol，如图 5.47 所示。

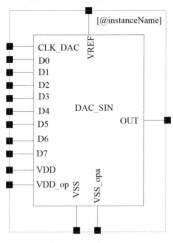

▲图 5.47   DAC 图形符号

搭建仿真测试电路，如图 5.48 所示。输入信号仍然采用自己创建的 DACinput 模块，参数设置与仿真 DACinput 模块时的参数设置相同。用瞬态仿真观察输出电压波形，仿真周期要设置为大于两个完整的数模转换周期,但仿真时间较长,需要耐心等待。

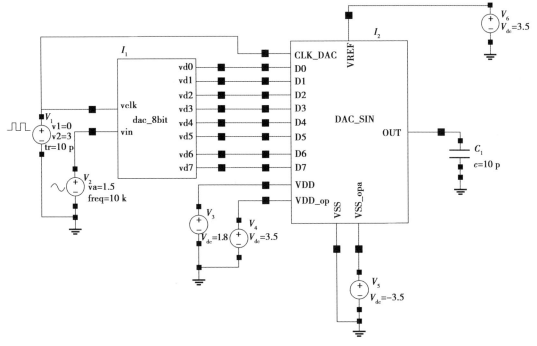

▲图 5.48　DAC 测试电路

仿真结果如图 5.49 所示。由图可以看出,随着输入从 00000000 到 11111111 的变化,输出电压呈现线性增加的态势,转换效果非常不错,非线性误差很小。局部放大后可得具体数据。

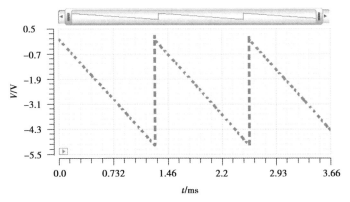

▲图 5.49　DAC 测试电路仿真结果

从上面的仿真可以观察到,当输入线性增加时输出也线性增加的情况。但有时输入不是按线性规律增加的。比如说,是按正弦规律变化时,输出是否也能按正弦规律变化呢? 这个仿真可通过调用 Cadence 自带的 ahdlLib 库中的 adc_8bit 模数转换器来完成。输入信号为正弦,通过 adc_8bit 模数转换器转换为数字信号,再通过自己设计的数模转换器恢复成正弦信号,比较输入和输出二者之间的误差。具体的仿真测试电路,如图 5.50 所示。

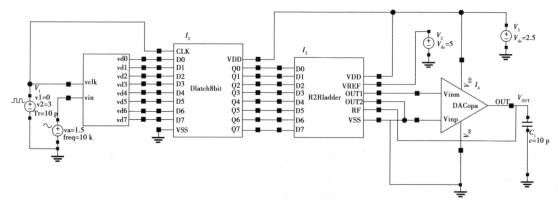

▲图 5.50   DAC 转换仿真测试电路

其中,adc_8bit 模块的设置,如图 5.51 所示。

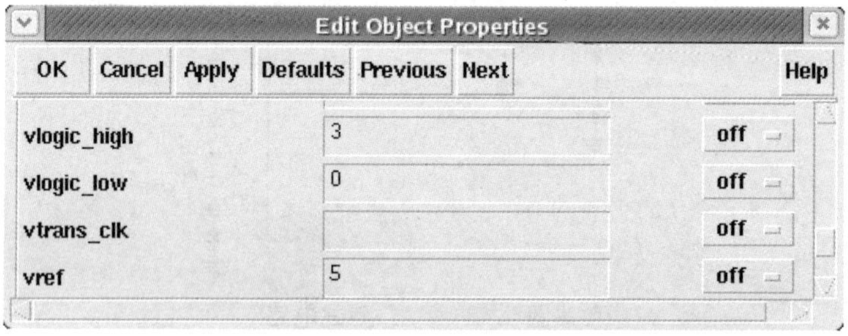

▲图 5.51   adc_8bit 模块的设置

V_{clk} 输入端接入一个 analogLib 中的 Vpulse 信号,其参数设置如图 5.52 所示。V_{in} 输入端接入一个 analogLib 中的 V_{sin} 信号,其值按图 5.50 中设置。

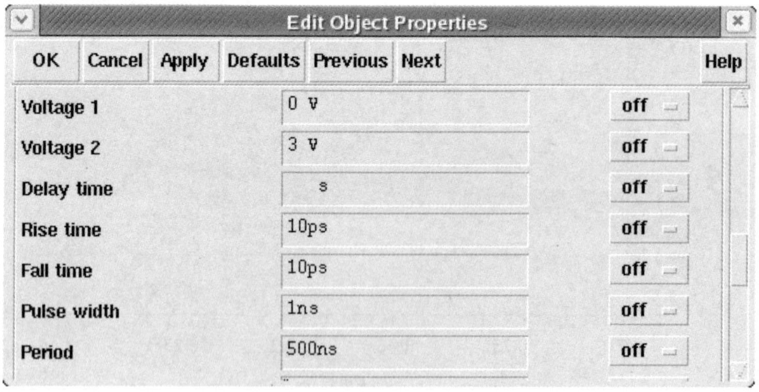

▲图 5.52   adc_8bit 模块的 V_{clk} 信号设置

对图 5.50 的电路进行瞬态仿真,仿真时间设为 150 μs,实际仿真时间大约 2 min。得到仿真效果图,如图 5.53 所示。

图 5.53 中上面曲线为标准的正弦输入信号,下面曲线为设计的数模转换器转换出来的模拟信号。由设计的测试电路分析可知,输入和输出信号是反相的。由图可以看出,转换结果符合设计要求。

原理图设计与仿真到此结束,下面开始版图设计。

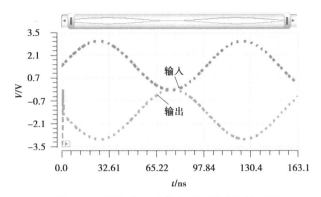

▲图5.53 输入为正弦数字量时的转换波形图

2. 版图设计及后仿

首先,创建 Inverter Cell 的版图。其次,根据 PDK 生成电路原理图的晶体管版图。最后,将晶体管布局、布线,最终构成反相器版图。

(1)反相器

打开反相器的原理图,首先,依次单击菜单"Tools"→"DesignSynthesis"→"Layout XL"。然后,在弹出的窗口中选择"Create New"。最后,单击"OK"打开版图编辑器。按照本书第2章"实验2 CMOS 反相器版图设计"的方法,完成版图设计,如图5.54 所示。

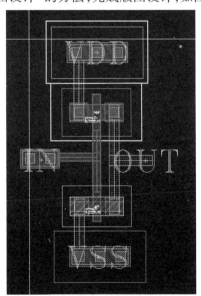

▲图5.54 反相器版图

接下来,进行设计规则 DRC 检测、LVS 检验,通过后就可开始版图寄生提取。弹出提取完成窗口,获取 av_extracted view 后,就可对反相器模块进行最后一步工作,即后端仿真。具体设置过程请参见本书第2章"实验2 CMOS 反相器版图设计"。

创建后端仿真原理图,如图 5.55 所示。图中各信号源参数设置与前面的原理图仿真设置相同。

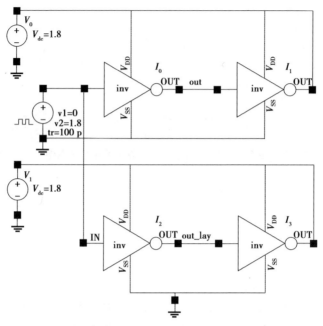

▲图 5.55　后端仿真原理图

首先,设置仿真参数进行瞬态仿真,如图 5.56 所示。注意,这里的 view 为 config。

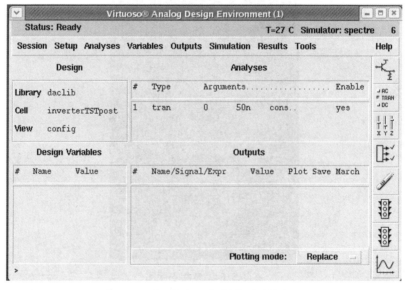

▲图 5.56　版图提取反相器的后端仿真设置

得到前、后仿真对比结果,如图 5.57 所示。

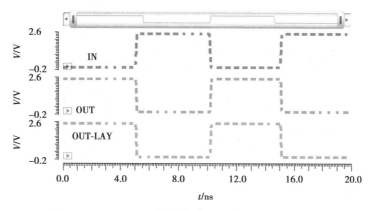

▲图5.57 反相器前、后端仿真结果比较

在图5.57中5 ns信号下降沿的地方局部放大,观察信号传输特性,如图5.58所示。其中右端曲线为版图后仿输出信号,可以看出版图提取的反相器下降沿要稍慢些。

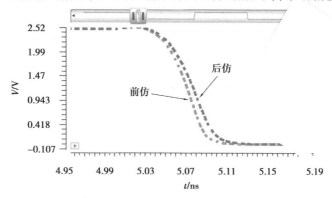

▲图5.58 反相器前、后端仿真结果比较局部放大图

(2)电流模拟开关

确认反相器版图可以工作后,就可以开始设计电流模拟开关的版图,方法与设计反相器版图一样,即先打开电流模拟开关原理图,单击菜单"Tools"→"DesignSynthesis"→"Layout XL",在打开的版图编辑器中,单击"Design"→"Gen From Source…"。这次除晶体管版图和管脚符号自动生成外,反相器的版图也通过调用自动生成,按照前面叙述的方法连线完成电流模拟开关版图,如图5.59所示。

接着,对电流模拟开关版图进行DRC,LVS和RCX操作,方法同反相器操作时一样。进行电流模拟开关的后端仿真,搭建仿真测试原理图,如图5.60所示。

电流模拟开关后端仿真设置,如图5.61所示。

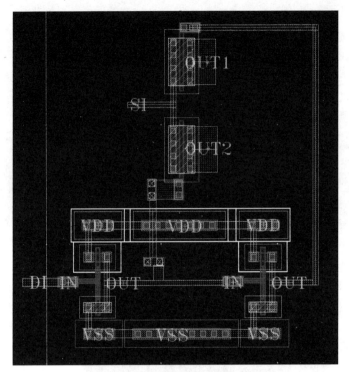

▲图 5.59   电流模拟开关参考版图

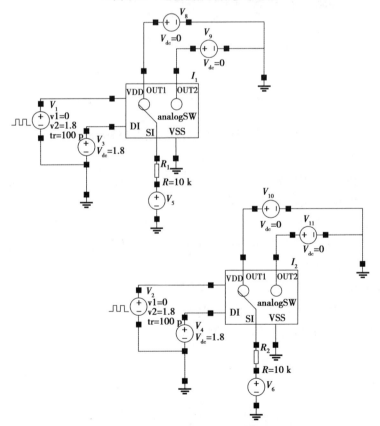

▲图 5.60   电流模拟开关后端仿真测试电路

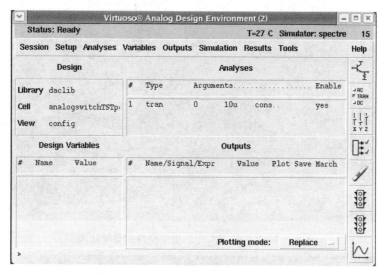

▲图 5.61　电流模拟开关后端仿真设置

电流模拟开关前、后仿结果比较,如图 5.62 所示。

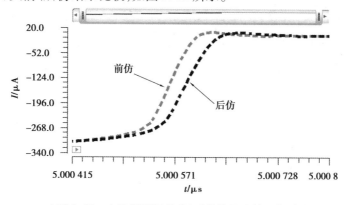

▲图 5.62　电流模拟开关前、后仿结果比较局部放大图

这是流出 OUT_1 端口的电流,都有过冲,都稳定在 500 μA,从而验证了电流模拟开关的版图设计符合要求。其中,右端曲线为版图后仿输出,可以看出提取的电路因寄生参数的原因电流略有滞后。

(3)倒"T"形电阻网络

接下来,完成 R-2R 倒"T"形电阻网络、D 锁存器和运算放大器的版图设计。电阻电容和晶体管器件都会自动生成,只需完成电气连接关系即可。注意电流大的地方,金属线要画粗一些。若晶体管形状太细长,应使用 multi-finger,这一点在前面的实验中讨论过。

R-2R 倒"T"形电阻网络的参考版图,如图 5.63 所示。其局部放大图,如图 5.64 所示。

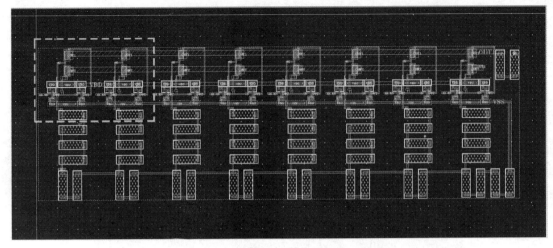

▲图 5.63　*R*-2*R* 倒"T"形电阻网络的参考版图

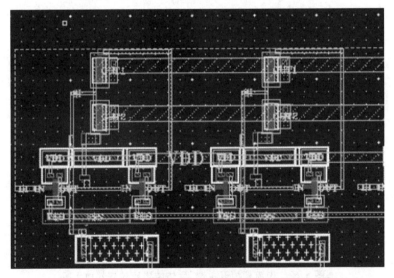

▲图 5.64　*R*-2*R* 倒"T"形电阻网络版图局部放大图

接下来,按前面所述步骤完成 *R*-2*R* 倒"T"形电阻网络版图的 DRC,LVS 和 PEX 过程。*R*-2*R* 倒"T"形电阻网络前后端仿真比较结果,如图 5.65 所示。

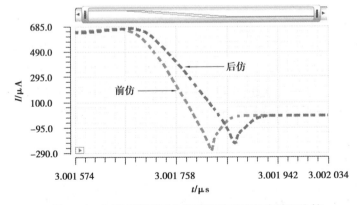

▲图 5.65　*R*-2*R* 倒"T"形电阻网络前后端仿真结果比较

本设计理论值在 1 mA,请分析电流过冲的原因,并测量从过冲到稳定的时间。因为,这个时间在很大程度上影响了数模转换器的转换稳定时间。

(4)1 位 D 锁存器

绘制 1 位 D 锁存器版图,如图 5.66 所示。同样按前面所述步骤完成 1 位 D 锁存器版图的 DRC,LVS 和 PEX 过程。

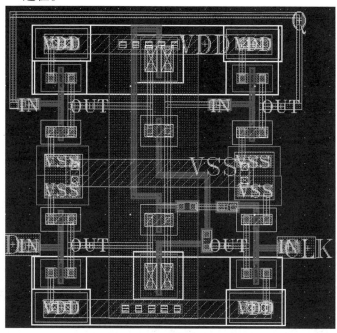

▲图 5.66　1 位 D 锁存器参考版图

提取版图寄生参数后进行后仿,搭建后仿测试图,如图 5.67 所示。得到仿真结果,如图 5.68 所示。

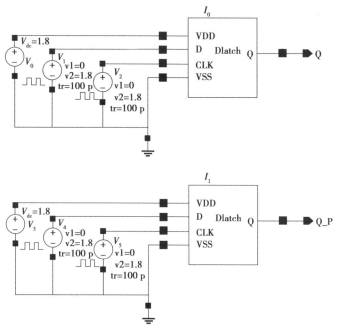

▲图 5.67　1 位 D 锁存器后仿验证电路图

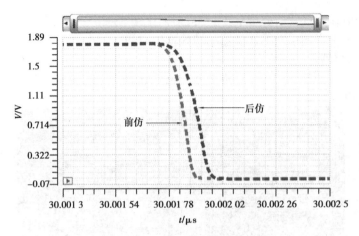

▲图5.68　1位D锁存器后仿结果

（5）8位D锁存器

8位D锁存器的版图由8个1位D锁存器版图构成,设计参考版图,如图5.69所示。

接下来,完成8位D锁存器版图的DRC,LVS和PEX过程。搭建后仿测试图,如图5.70所示。

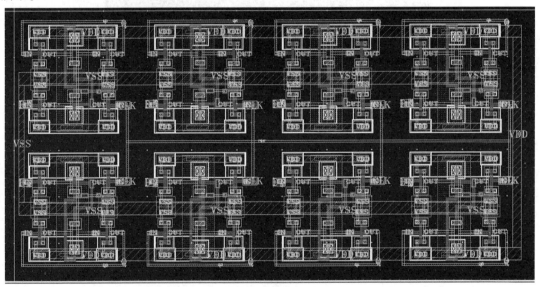

▲图5.69　8位D锁存器参考版图设计图

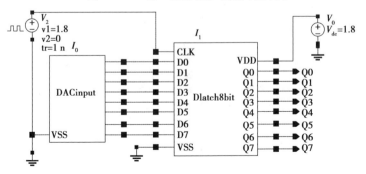

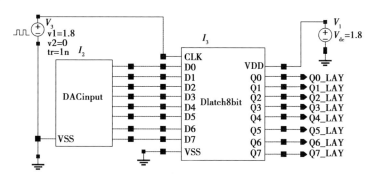

▲图 5.70 8 位 D 锁存器后仿验证电路图

提取版图寄生参数后进行后仿,展示部分仿真结果,其中 Q0,Q7 输出分别如图 5.71、图 5.72 所示。

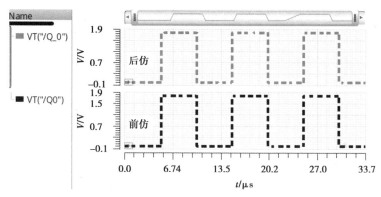

▲图 5.71 8 位 D 锁存器后仿验证结果(Q0)

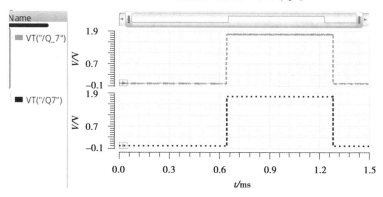

▲图 5.72 8 位 D 锁存器后仿验证结果(Q7)

8 位 D 锁存器前后端仿真结果比较,如图 5.73 所示,其中,上面曲线为后仿结果,下面曲线为前仿结果。

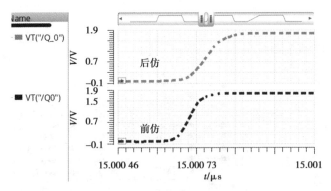

▲图 5.73   8 位 D 锁存器前后端仿真结果比较

（6）运算放大器

最后给出运放的参考版图，如图 5.74 所示。注意差分管一定要对称放置。模拟电路版图绘制要求较高，一定要多加练习才能很好地掌握。

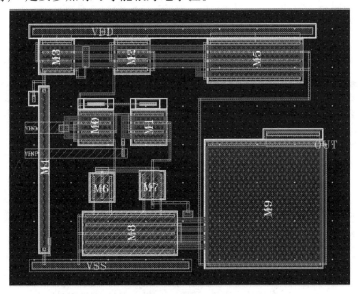

▲图 5.74   运算放大器的参考版图设计

运放版图完成后，同样按前面所述步骤完成 DRC，LVS 和 PEX 过程，再对运放进行后端仿真以此确定版图绘制效果是否符合要求。一般来讲，模拟电路的版图绘制相对数字电路而言要求较高，若绘制不当，则效果明显不如运放原理图仿真时的结果。

下面给出原理图电路和版图提取电路的前、后仿结果。将相位和增益曲线分离显示，得到相位和增益曲线，分别如图 5.75 和图 5.76 所示。将增益曲线局部放大，可看出后仿增益略小，如图 5.77 所示。由图可以判断，电路的幅频、相频特性吻合，效果不错，可用于 DAC 转换器中。

（7）DAC 总体版图

最后形成 DAC 总体版图，如图 5.78 所示。

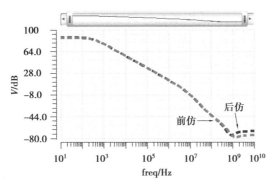

▲图 5.75　运算放大器的前、后仿结果比较（gain）

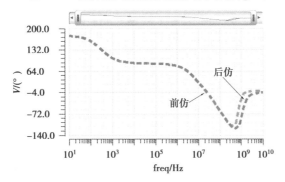

▲图 5.76　运算放大器的前、后仿结果比较（phase）

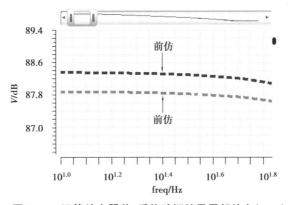

▲图 5.77　运算放大器前、后仿验证结果局部放大（gain）

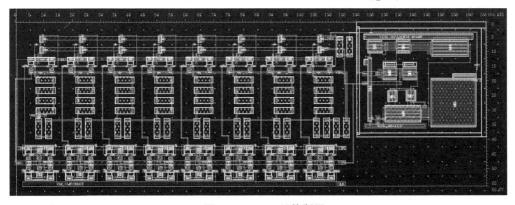

▲图 5.78　DAC 总体版图

至此,所有独立模块的版图提取电路都已调试成功。最后,将它们组合在一起进行完整的 DAC 转换器后端仿真,并比较版图提取的电路和原理图仿真的结果。完整的 DAC 转换器后端仿真测试电路,如图 5.79 所示。各项设置同原理图 DAC 仿真。

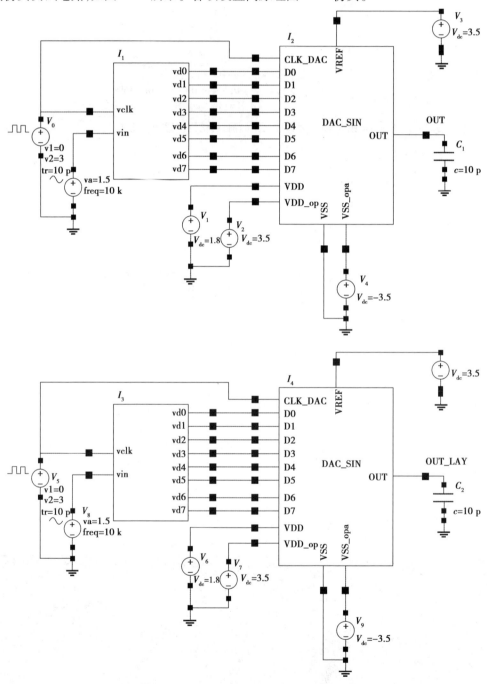

▲图 5.79   DAC 转换后端仿真测试图

接下来,进行瞬态仿真,仿真时间同样设为 150 μs,该仿真时间较长,需耐心等待。得到完整 DAC 的前、后仿结果,如图 5.80 所示。

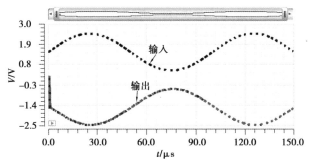

▲图 5.80　输入为正弦数字量时的前、后仿转换波形对比图

图 5.80 中上面正弦信号为原始输入模拟信号，下面两条正弦信号分别为前仿输出和后仿输出，它们之间非常接近。将输出信号局部放大，如图 5.81 所示。由图中可以看出，版图提取电路的仿真结果，其幅值要略小一些。

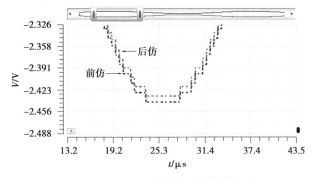

▲图 5.81　DAC 后仿结果局部放大图

当完成所有模块前、后端仿真后，就可将版图文件以 GDSII 的格式提供给 IC 芯片代工厂进行芯片制作。产生 GDSII 文件的操作如下：首先，在工作文件夹中创建一个名为 gsdfiles 的子文件夹。然后，在 CIW 窗口中单击菜单"File"→"Export"→"Streme…"，弹出如图 5.82 所示的对话框。

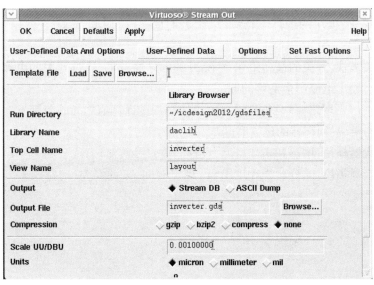

▲图 5.82　GDSII 文件生成窗口设置详情

单击"OK"按钮,弹出如图5.83所示的对话框。

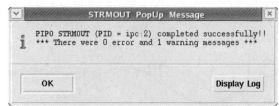

▲图5.83　成功生成GDSII文件

单击"OK"按钮,关闭窗口,进入gdsfiles子文件夹,将看到两个文件,如图5.84所示。

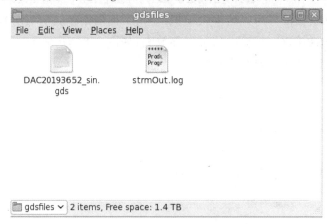

▲图5.84　GDSII版图文件导出示意图

自此,本次集成电路版图设计与实践任务全部完成。

八、报告要求

写出DAC设计原理,提交每个模块的版图、每个模块的前、后端对比仿真波形和分析,以及从前、后端仿真波形确定的各个模块的重要参数,具体包括以下6个部分。

①反相器模块:模块的最高工作频率、上升时间、下降时间、传输延迟以及前、后端仿真差别。

②模拟开关模块:开关的最高工作频率、开关的导通电阻、流过开关的电流值与理论计算值之间的差别。输出电流产生毛刺的原因。

③R-2R倒"T"形网络模块:仿真输出电流值与理论计算值之间的差别。

④D锁存器模块:锁存器的建立时间。

⑤运算放大器模块:增益和相位裕度,设计晶体管参数值估算。

⑥数模转换器模块:差分非线性度DNL,稳定时间,失调误差,增益误差,电源功耗,版图芯片面积等。

参考文献

［1］ 毕查德·拉扎维. 模拟 CMOS 集成电路设计［M］. 2 版. 陈贵灿, 程军, 张瑞智, 等译. 西安：西安交通大学出版社, 2021.

［2］ 桑森. 模拟集成电路设计精粹［M］. 陈莹梅, 译. 北京：清华大学出版社, 2021：572-579.

［3］ 陈宏, 杨树, 郭清, 等. 应用 QFN 封装的 CMOS 运算放大器芯片设计［J］. 实验室研究与探索, 2022, 41（4）：103-106.

［4］ 丁坤, 田睿智, 汪涛, 等. 高线性度 CMOS 模拟乘法器设计与仿真［J］. 电子技术应用, 2020, 46（1）：52-56, 61.

［5］ 秦睿. 基于 0.18 μm CMOS 工艺的比较器设计［D］. 哈尔滨：黑龙江大学, 2014.

［6］ 罗芳杰. 电荷泵锁相环的压控振荡器设计［D］. 合肥：合肥工业大学, 2009.

［7］ 肖丹, 吴婷茜. 一种新型低功耗电流模式 CMOS 带隙基准设计［J］. 电子器件, 2017, 40（2）：285-290.

［8］ Alan Hastings. 模拟电路版图艺术［M］. 2 版. 张为, 等译. 北京：电子工业出版社, 2018.

［9］ 魏惠芳. 集成电路版图设计中的失配问题研究［J］. 电子元器件与信息技术, 2020, 4（11）：3-6.